1. 偏差値 55 以上を目指す受験生にささげる

受験生の皆さんはこれまでに学校で習わないような問題を数多く解いてきたと思います。そしてこれからも受験本番までに，いろいろな問題に取り組むでしょう。なぜそれだけたくさんの問題を解かなければならないのでしょうか。理由は主に２つあります。１つは「新しく学ぶため」，そしてもう１つは「自分の弱点を見つけるため」です。

本書では効率的に弱点補強ができるよう，受験生の皆さんがつまずきやすい問題を取り上げています。自分の弱点は他の受験生にとっても弱点です。解けなかった問題を解けるようにすることが偏差値アップへのいちばんの近道であることを常に意識して，日々の学習に取り組んでください。

考えて理解することは簡単なことではありません。しかし，毎日くり返してください。その地道な奮闘が輝かしい思い出に変わることを心より祈っています。

著者しるす

2. 本書のしくみ

パート１からパート３までを通して，中・上位校突破の基礎となる「計算力・瞬発力・思考力」を習得するために，計算問題・図形問題・一行問題をあえて分野別にせず，ランダムに 60 日分，易→難 の順に掲載しています。

◈ **パート1** （１日目から 30 日目）

偏差値 50 以下の人が偏差値 50 を超えられるような問題，偏差値 55 前後の人は確実に素早く得点したい問題を取り上げています。ここで，基礎力を定着させましょう。

◈ **パート2** （31 日目から 60 日目）

偏差値 55～60 レベルの入試でよく出る問題を取り上げています。しっかりと理解して上位校突破への足がかりとなる力をつけましょう。

◈ **パート3** （巻末）

偏差値 60 を超す文章題のみの難しいチャレンジ問題を集めています。パート２まで終えてから，時間制限を設けずじっくり取り組んでください。

3. 効果的な使い方

１日分（３問）にかける時間の目安は，10 分から 15 分程度を想定しています。学校へ行く前など毎朝１日分ずつ計画的に取り組んでください。時間内に解けなくてもかまいませんが，入試本番のつもりで緊張感をもってのぞみましょう。そして，その日のうちに「なぜ解けなかったのか」という点に注意しながら，「解き方」を理解してください。計算ミスをした問題や解けなかった問題は□にチェックしておき，１週間ほどあけて復習すると，より効果的です。

1日目

① $25-6\times2+2$ 〔お茶の水女子大附中〕

② $12-(2+8\times3)+54\div3$ 〔法政大中〕

③ 1本60円の鉛筆(えんぴつ)と1本120円のペンをあわせて100本買い，1万円を支払(しはら)ったところ，おつりは2500円でした。このとき，買った鉛筆は□本です。 〔学習院中〕

2日目

① $9+119\times3\div17$ 〔國學院大久我山中〕

② $(65-48+29)\times51\div23$ 〔横浜共立学園中〕

③ 児童が100人いる学園があり，算数が好きな児童が50人，国語が好きな児童が60人，どちらも好きではない児童が20人いるとき，算数だけ好きな児童は□人います。 〔栄東中〕

（　月　日）

① $25-6\times2+2$

（答）

② $12-(2+8\times3)+54\div3$

（答）

③

（答）

（　月　日）

① $9+119\times3\div17$

（答）

② $(65-48+29)\times51\div23$

（答）

③

（答）

パート1

3日目

① 58.5÷2.34　〔洛星中〕

② 12345分＝□日□時間□分　〔法政大中〕

③ 1，2，3，4，5の5個の数字の中から，異なる3個を選んで3けたの数字をつくるとき，5の倍数は全部で何個できますか。　〔大妻嵐山中〕

4日目

① 15－{21－3×(15－9)}　〔日本大豊山中〕

② 右の図の斜線(しゃせん)部分の面積を求めなさい。円周率は3.14として計算しなさい。　〔多摩大附属聖ヶ丘中〕

2cm
2cm

③ 船が川を往復しています。72 km離(はな)れているA地点とB地点を往復するのに，行きは6時間，帰りは3時間かかりました。川の流れの速さは時速何kmですか。ただし，静水時の船の速さと川の流れの速さはともに一定であるとします。　〔跡見学園中〕

（　月　日）

① 58.5÷2.34

（答）

② 12345 分＝□日□時間□分

（答）

③

（答）

（　月　日）

① 15−{21−3×(15−9)}

（答）

②

2cm
2cm

（答）

③

（答）

5日目

□□ ① $51-36\div\{(7-3)\times5-14\}$ 〔洗足学園中〕

□□ ② $1+8+15+22+29+36+43$ 〔洛南高附中〕

□□ ③ 右の図のように，長方形の紙を横の長さの半分のところで折った折り目に２つの頂点(ちょうてん)を合わせて折りました。㋐の角は□度です。 〔青山学院中〕

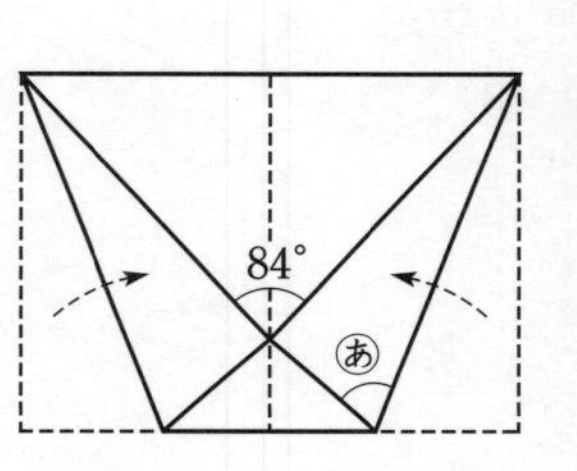

6日目

□□ ① $2013\div33-32\div8\times14+26$ 〔横浜共立学園中〕

□□ ② $670\times1.8+12\times67$ 〔筑波大附中〕

□□ ③ 夏子さんと春子さんの２人で15日間かかる仕事があります。はじめ２人で10日間，残りを夏子さん１人で８日間かかりました。この仕事を春子さん１人ですると何日間かかりますか。 〔和洋国府台女子中〕

（　月　日）

① $51-36\div\{(7-3)\times5-14\}$

（答）

② $1+8+15+22+29+36+43$

（答）

③

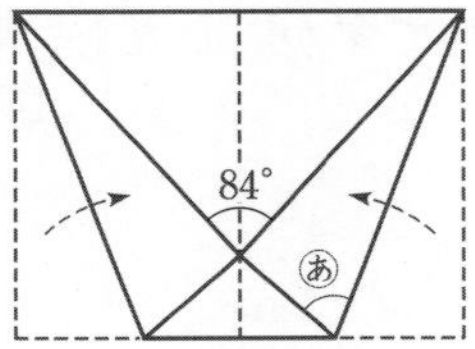

84°

あ

（答）

（　月　日）

① $2013\div33-32\div8\times14+26$

（答）

② $670\times1.8+12\times67$

（答）

③

（答）

7日目

① $42-\{(113-65)\div4\times3-102\div(7\times2+3)\}$ 〔西武学園文理中〕

② 1.2 ha は 240 m^2の□倍です。 〔四天王寺中〕

③ ある年の1月20日が火曜日であるとき，この年の7月6日は何曜日ですか。ただし，この年はうるう年ではありません。 〔市川中〕

8日目

① $(5.8+6.7)\times0.2-0.1\div0.05$ 〔香蘭女学校中〕

② 右の図のように，市販(しはん)されている三角定規を重ねます。㋐の角度を求めなさい。 〔筑波大附中〕

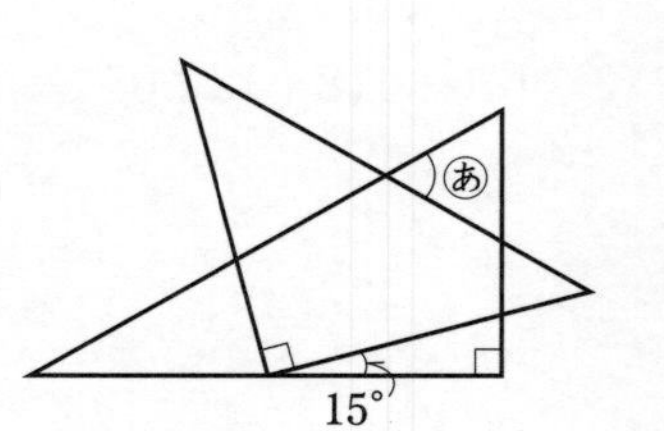

③ 17でわると11余り，9でわると3余る最小の数は□です。 〔洛星中〕

（　月　日）

① $42-\{(113-65)\div4\times3-102\div(7\times2+3)\}$

（答）

②

（答）

③

（答）

（　月　日）

① $(5.8+6.7)\times0.2-0.1\div0.05$

（答）

②

（答）

③

（答）

9日目

① $18-(75-15\times2.6)\div2.4$ 〔桐朋中〕

② $7-(8\times\square-10)+11=12$ 〔大妻中〕

③ 1, 2, 2, 4, 3, 6, 4, ……は，ある規則にしたがって数が並(なら)んでいます。15 番目の数を答えなさい。〔自修館中〕

10日目

① $2.25+\frac{3}{4}+7\div0.5-3$ 〔山手学院中〕

② $11+(\square\div10-9\div8)-7=6$ 〔大妻中〕

③ 右の図の正方形㋐の１辺の長さを求めなさい。〔灘　中〕

28cm
35cm
㋐
21cm

(　月　日)

① $18-(75-15\times 2.6)\div 2.4$

(答)

② $7-(8\times\square-10)+11=12$

(答)

③

(答)

(　月　日)

① $2.25+\dfrac{3}{4}+7\div 0.5-3$

(答)

② $11+(\square\div 10-9\div 8)-7=6$

(答)

③

28cm
35cm
㋐
21cm

(答)

11日目

① $15 \div \{5 \times 18 + 9 \div (13 - 8 \div 2) \times 6\} \times 24$ 〔西武学園文理中〕

② 時速 □ km：分速 250 m＝4：3 〔公文国際学園中〕

③ ［①］個のあめを［②］人の子どもに 4 個ずつ配ると 14 個余り，6 個ずつ配ると 20 個不足します。 〔湘南白百合学園中〕

12日目

① $2.46 \times 70 + 0.8 \times 2 \times 492 - 24.6 \times 29$ 〔青稜中〕

② 右の図の長方形で，斜線(しゃせん)部分の面積は□ cm² です。 〔桐光学園中〕

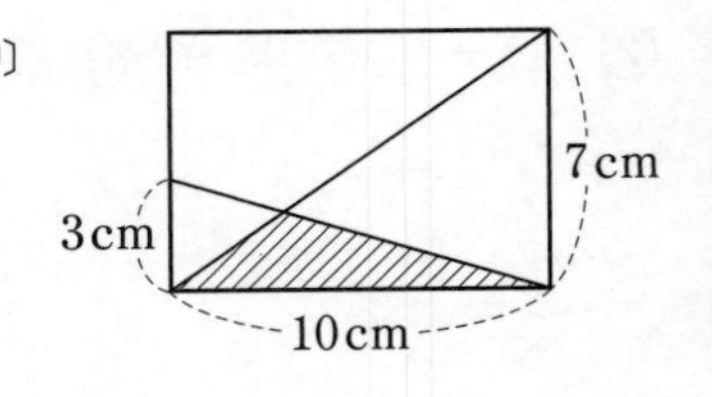

③ 2種類の商品A，Bがあります。Aを2個，Bを5個買うと 9500 円，Aを3個，Bを2個買うと 7100 円になります。このとき，AとBのそれぞれ1個の値段(ねだん)を求めなさい。 〔浅野中〕

（　月　日）

① $15 \div \{5 \times 18 + 9 \div (13 - 8 \div 2) \times 6\} \times 24$

（答）

② 時速 □ km：分速 250 m＝4：3

（答）

③

（答）

（　月　日）

① $2.46 \times 70 + 0.8 \times 2 \times 492 - 24.6 \times 29$

（答）

②

3cm
7cm
10cm

（答）

③

（答）

13日目

① $(13\times11-3)\div(11\times77-7)+5\div6$ 〔帝京大中〕

② $4.8\times4-\square\div5=8.4\div0.7$ 〔学習院中〕

③ 底に穴（あな）のあいている水のまったく入っていない水そうがあります。この水そうに，毎分 12 リットルの割合（わりあい）で水を入れると，10 分間で水そうがいっぱいになります。また，毎分 8 リットルの割合で水を入れると，18 分間で水そうがいっぱいになります。穴からは毎分何リットルの水がもれていますか。 〔明治大付属中野中〕

14日目

① $1.6\times\left(1.25-\frac{5}{6}\right)\div1\frac{1}{9}$ 〔日本大藤沢中〕

② $\left(\frac{5}{7}-\square\right)\div\frac{1}{3}-0.8=1$ 〔吉祥女子中〕

③ 3けたの整数の中で，12 でわると 11 余り，18 でわると 17 余る整数は全部で□個あります。 〔日本大中〕

（　　月　　日）

① $(13\times11-3)\div(11\times77-7)+5\div6$

（答）

② $4.8\times4-\square\div5=8.4\div0.7$

（答）

③

（答）

（　　月　　日）

① $1.6\times\left(1.25-\frac{5}{6}\right)\div1\frac{1}{9}$

（答）

② $\left(\frac{5}{7}-\square\right)\div\frac{1}{3}-0.8=1$

（答）

③

（答）

15日目

① $1.2 \div 0.08 - 20 \div 7$ 〔四天王寺中〕

② 時速 36 km－分速180 m－秒速 600 cm＝分速 □ m 〔大妻中〕

③ 右の展開図を組み立ててできる円柱の体積を求めなさい。ただし，円周率は3.14とします。 〔女子学院中〕

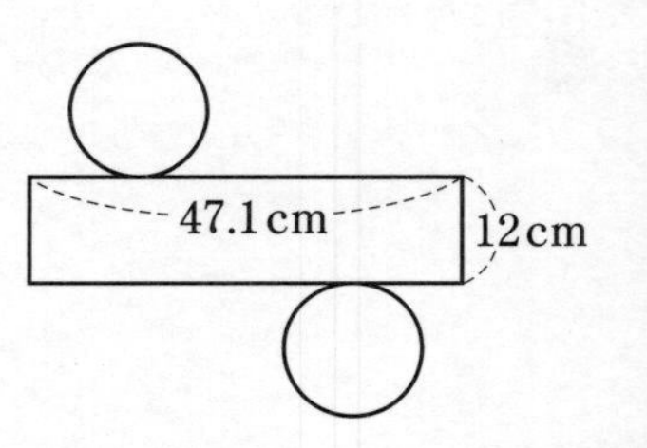

16日目

① $\left(5\frac{3}{4} - 2\frac{3}{5}\right) \times \left(3 - \frac{7}{9}\right)$ 〔洛南高附中〕

② 右の図で，AB＝AC とします。㋐の角の大きさは何度ですか。 〔星野学園中〕

D 76° A 22° 30° ㋐ B C

③ A, B, C, D, E, F の6人が，テニスの試合を行いました。試合は総当たり戦(どの人も他のすべての人と1試合ずつ対戦すること)で，試合の結果について次のことがわかっています。

Aは3勝2敗だった。　Bは5勝0敗だった。　Cは3勝2敗だった。
Fは2勝3敗だった。　EはCに勝った。

このことから，Fは□と□に勝ったことがわかります。 〔四天王寺中〕

（　月　日）

① $1.2 \div 0.08 - 20 \div 7$

（答）

② 時速 36 km－分速180 m－秒速 600 cm＝分速 □ m

（答）

③

47.1cm
12cm

（答）

（　月　日）

① $\left(5\frac{3}{4} - 2\frac{3}{5}\right) \times \left(3 - \frac{7}{9}\right)$

（答）

②

D
76°
A
22°
30°
㋐
B
C

（答）

③

（答）

17日目

① $3-\frac{3}{5}\div 0.75+1\frac{2}{3}$ 〔東京学芸大附属竹早中〕

② $9\div\{3+4\div(2+\square)\}=2$ 〔洛南高附中〕

③ $\frac{1}{5}$, $\frac{2}{7}$, $\frac{1}{3}$, $\frac{4}{11}$, $\frac{5}{13}$, □, $\frac{7}{17}$, $\frac{8}{19}$, ……は，あるきまりにしたがって並(なら)んでいます。

〔東京農業大第一高中〕

18日目

① $1234\times 766+234\times 234$ 〔逗子開成中〕

② $2\frac{\square}{52}$ を約分すると，$\frac{11}{4}$ です。 〔帝京中〕

③ 9％の食塩水と 16％の食塩水と水を 1：1：2 の割合(わりあい)で混ぜ合わせたら，何％の食塩水ができますか。

〔中央大附中〕

（　月　日）

① $3-\frac{3}{5}\div0.75+1\frac{2}{3}$

（答）

② $9\div\{3+4\div(2+\square)\}=2$

（答）

③

（答）

（　月　日）

① $1234\times766+234\times234$

（答）

②

（答）

③

（答）

19日目

① $\left(3.125+\frac{3}{8}\right)\div1.4\times28$ 〔東京家政学院中〕

② 1.02 km−543.21 m−476670 mm＝□ cm 〔高輪中〕

③ まず 2 km を泳ぎ，次に自転車を 8 km こぎ，最後に 4 km 走る競技があります。A選手は毎分 40 m の速さで泳ぎ，毎時□ km の速さで自転車をこぎ，毎秒 2 m の速さで走りました。A選手の記録は 1 時間 55 分 20 秒でした。 〔慶應義塾中〕

20日目

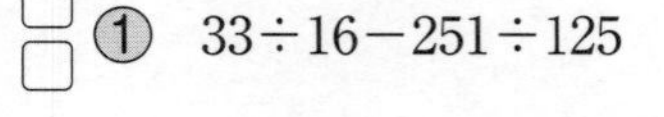

① 33÷16−251÷125 〔洛星中〕

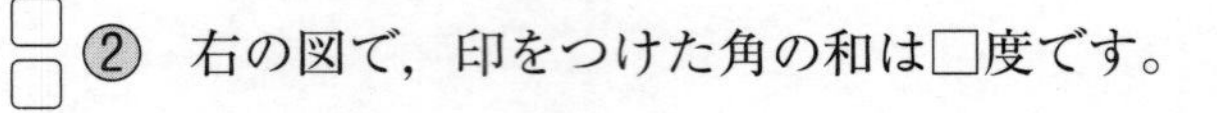

② 右の図で，印をつけた角の和は□度です。 〔穎明館中〕

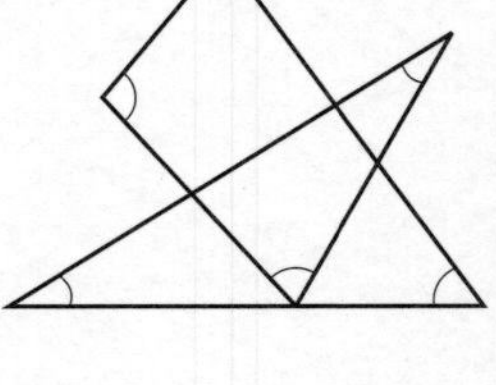

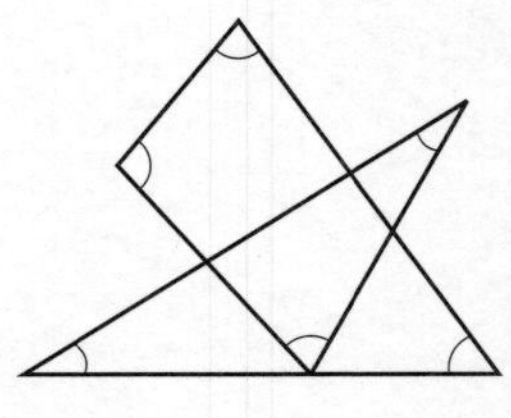

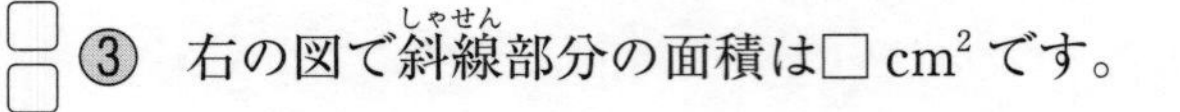

③ 右の図で斜線(しゃせん)部分の面積は□ cm^2 です。 〔佼成学園中〕

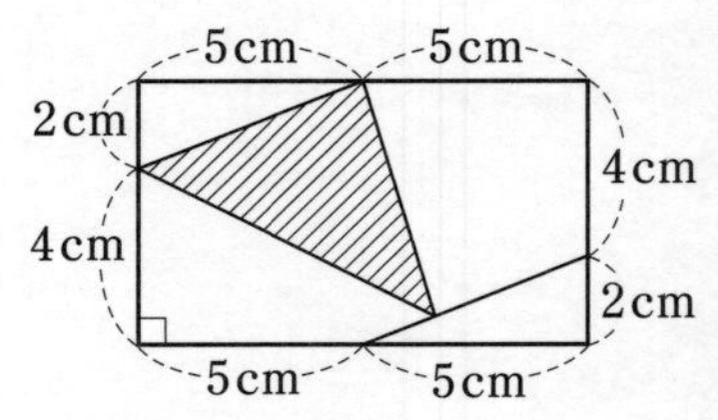

（　月　日）

① $\left(3.125+\frac{3}{8}\right)\div1.4\times28$

（答）

② 1.02 km－543.21 m－476670 mm＝□ cm

（答）

③

（答）

（　月　日）

① 33÷16－251÷125

（答）

②

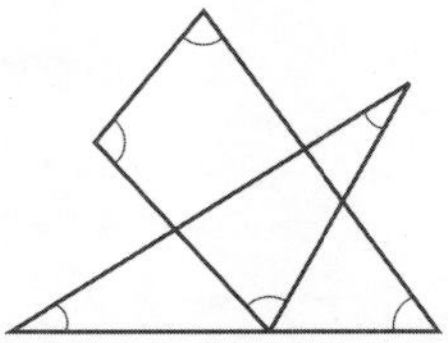

（答）

③

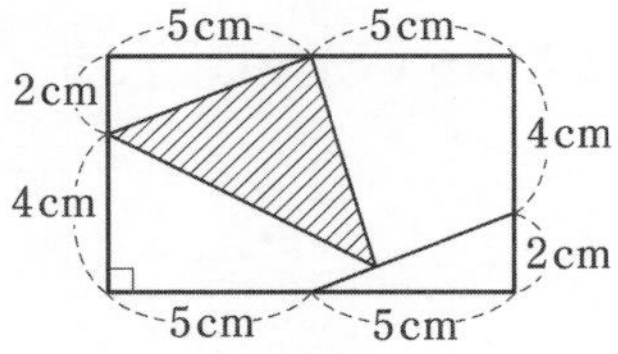

5cm
5cm
2cm
4cm
4cm
2cm
5cm
5cm

（答）

21日目

① $\frac{1}{1}+\frac{1}{2}+\frac{1}{3}+\frac{1}{4}+\frac{1}{5}+\frac{1}{6}$ 〔浦和実業学園中〕

② $5\frac{1}{6}+2\frac{1}{24}\div\square=7.5$ 〔慶應義塾湘南藤沢中〕

③ 連続した4つの奇数(きすう)の和が192であるとき，4つの数の中でもっとも小さな数は□です。
〔東邦大付属東邦中〕

22日目

① $3.5\div\left(2.7\times\frac{1}{6}+2\right)$ 〔お茶の水女子大附中〕

② $5\frac{1}{3}\times\square-5\frac{2}{5}\div3=2\frac{1}{5}$ 〔山手学院中〕

③ $\frac{16}{21}$ でわっても，$\frac{24}{35}$ でわっても整数になる分数のうち，もっとも小さい分数は□です。
〔城北中〕

（　月　日）

① $\frac{1}{1}+\frac{1}{2}+\frac{1}{3}+\frac{1}{4}+\frac{1}{5}+\frac{1}{6}$

（答）

② $5\frac{1}{6}+2\frac{1}{24}\div\square=7.5$

（答）

③

（答）

（　月　日）

① $3.5\div\left(2.7\times\frac{1}{6}+2\right)$

（答）

② $5\frac{1}{3}\times\square-5\frac{2}{5}\div3=2\frac{1}{5}$

（答）

③

（答）

23日目

① $5.35\times201.3+48\times20.13+185\times2.013-402.6$ 〔中央大附中〕

② 秒速□m：時速 60 km＝3：5 〔洛南高附中〕

③ A君は所持金の $\frac{2}{7}$ を使って本を買いました。残金の3割5分を使って筆記用具を買い，残りの40％を使っておもちゃを買ったところ，780円残りました。A君の最初の所持金は□円です。 〔大阪星光学院中〕

24日目

① 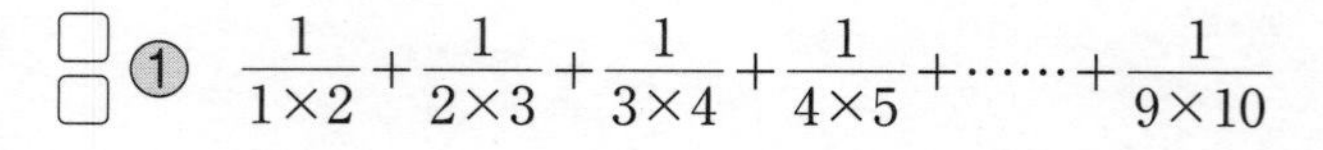

$$\frac{1}{1\times2}+\frac{1}{2\times3}+\frac{1}{3\times4}+\frac{1}{4\times5}+\cdots\cdots+\frac{1}{9\times10}$$

〔法政大第二中〕

② 右の図の斜線部分の周の長さを求めなさい。ただし，円周率は3.14とします。 〔神田女学園中〕

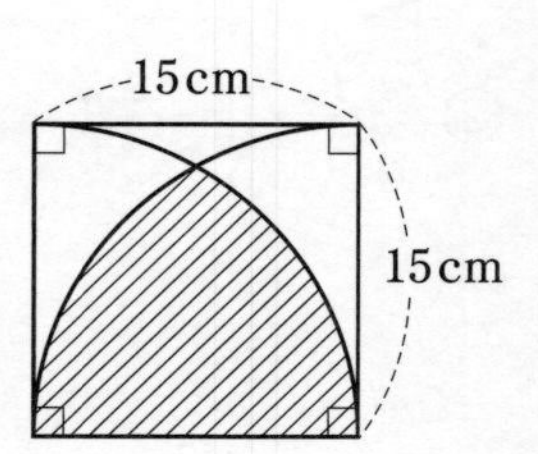

③ 80円切手と30円切手を組み合わせて1000円分にするには，□通りの方法があります。 〔渋谷教育学園渋谷中〕

（　　月　　日）

① $5.35\times201.3+48\times20.13+185\times2.013-402.6$

（答）

② 秒速□m：時速 60 km＝3：5

（答）

③

（答）

（　　月　　日）

① $\frac{1}{1\times2}+\frac{1}{2\times3}+\frac{1}{3\times4}+\frac{1}{4\times5}+\cdots\cdots+\frac{1}{9\times10}$

（答）

②

15cm

15cm

（答）

③

（答）

25日目

① $27\times33-108\div(90\div35)\times21$ 〔東大寺学園中〕

② $603\times14+(169-\square)\times201=20100$ 〔聖心女子学院中〕

③ 右の図は，円の中に１辺４cm の正方形がぴったりと入ったものです。斜線(しゃせん)部分の面積を求めなさい。ただし，円周率は 3.14 とします。

〔江戸川学園取手中〕

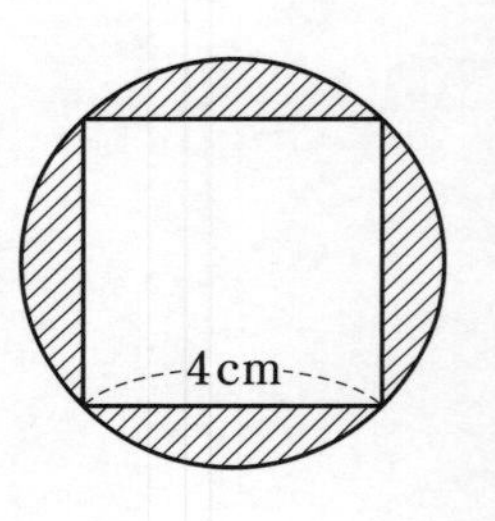

26日目

① $10-\left(1.75\times8-3\div\dfrac{2}{3}\right)$ 〔日本大第三中〕

② $10.2\div3.5=2.9$ 余り$\square$ 〔普連土学園中〕

③ 兄は９時に家を出発して，自転車で駅に向かいました。兄の忘(わす)れ物に気づいた弟が，９時12分に家を出発して自転車で兄を追いかけました。途中(とちゅう)で忘れ物に気がついた兄は，家から３km のところで引き返し，その途中で弟と出会いました。兄の自転車の速さは毎分 150 m，弟の自転車の速さは毎分 200 m です。２人が出会ったのは何時何分ですか。

〔明治大付属中野中〕

(　月　日)

① $27 \times 33 - 108 \div (90 \div 35) \times 21$

(答)

② $603 \times 14 + (169 - \square) \times 201 = 20100$

(答)

③

4cm

(答)

(　月　日)

① $10 - \left(1.75 \times 8 - 3 \div \frac{2}{3}\right)$

(答)

② 10.2÷3.5＝2.9 余り□

(答)

③

(答)

27日目

① $0.1\times(3.12+7.98-5.6)\div\frac{5}{7}$ 〔和洋九段女子中〕

② $0.05\ \mathrm{km}^2-330\ \mathrm{a}+7000\ \mathrm{m}^2=\square\ \mathrm{ha}$ 〔高輪中〕

③ ある品物の原価に2割(わり)の利益をみこんで定価をつけました。しかし，売れなかったので定価から何％か割引きをしました。それでも売れなかったので，さらに100円引きをして売ったところ，100円の利益がありました。この利益は原価の4％でした。はじめに定価から何％割引きをしましたか。

〔恵泉女学園中〕

28日目

① $1-\frac{1}{2}+\frac{1}{4}-\frac{1}{8}+\frac{1}{16}-\frac{1}{32}$ 〔跡見学園中〕

② 右の図で，斜線(しゃせん)をひいた㋐と㋑の部分の面積の差を求めなさい。

〔浦和明の星女子中〕

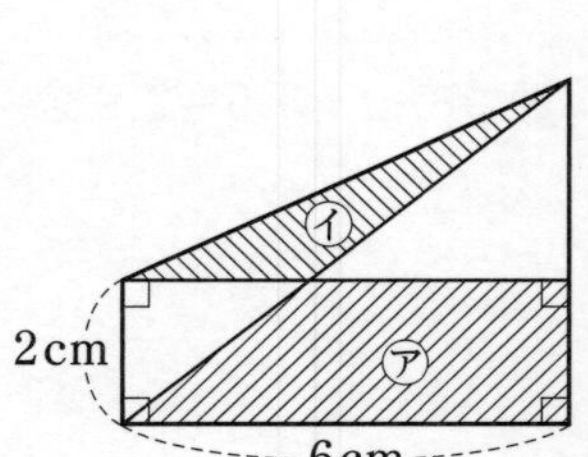

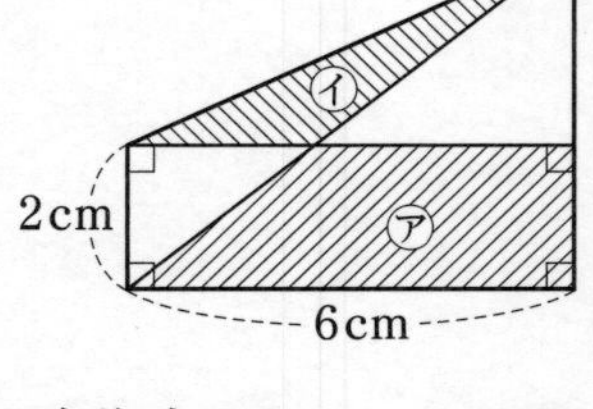

③ 8％と13％の食塩水を混ぜて，11％の食塩水をつくります。8％の食塩水200 gに，13％の食塩水を何g加えればよいですか。 〔実践女子学園中〕

（　月　日）

① $0.1\times(3.12+7.98-5.6)\div\frac{5}{7}$

（答）

② $0.05\,km^2-330\,a+7000\,m^2=\square\,ha$

（答）

③

（答）

（　月　日）

① $1-\frac{1}{2}+\frac{1}{4}-\frac{1}{8}+\frac{1}{16}-\frac{1}{32}$

（答）

②

2cm
6cm
㋐
㋑

（答）

③

（答）

29日目

① $3.2-2.2\times0.5\div(1.2-0.76)$ 〔共立女子中〕

② $1\frac{3}{7}:8\frac{1}{3}=\square:35$ 〔関東学院六浦中〕

③ りんごを 100 個仕入れました。4 割(わり)の利益をみこんで定価をつけましたが，30 個売れ残ったので，定価から 20 円値(ね)下げしてすべて売りました。その結果，利益は 1800 円でした。りんご 1 個の仕入れ値は□円です。 〔四天王寺中〕

30日目

① $126\div72+(16-3)\div4$ 〔青山学院中〕

② $\left(\frac{6}{7}-\square\right)\div\frac{2}{35}=\frac{5}{12}$ 〔東京学芸大附属竹早中〕

③ 右の図のように，対角線の長さが 30 cm の長方形を点 O のまわりに 30° 回転しました。図の斜線(しゃせん)部分の面積は □ cm^2 です。ただし，円周率は 3.14 とします。 〔大阪星光学院中〕

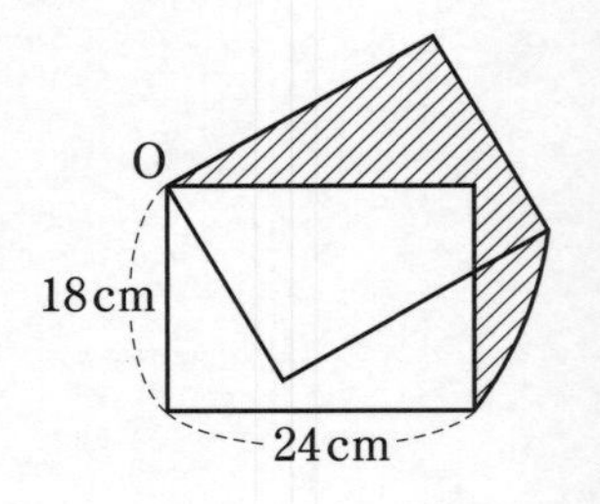

（　月　日）

① $3.2-2.2\times0.5\div(1.2-0.76)$

（答）

② $1\frac{3}{7}:8\frac{1}{3}=\square:35$

（答）

③

（答）

（　月　日）

① $126\div72+(16-3)\div4$

（答）

② $\left(\frac{6}{7}-\square\right)\div\frac{2}{35}=\frac{5}{12}$

（答）

③

O
18cm
24cm

（答）

31日目

❶ $9-8\div7\times6.5+4+3\div2.1$ 〔中央大附中〕

❷ $56.2\div21.7=$□ 余り□（商は，小数第1位まで求めなさい。） 〔神奈川大附中〕

❸ A君が4歩進む間にB君は5歩進み，A君が9歩で進む道のりをB君は10歩で進みます。このとき，A君とB君の進む速さの比をもっとも簡単(かんたん)な整数比で表すと □：□ です。
〔芝　中〕

32日目

❶ $\left\{(1.9+5)\times\frac{2}{5}-\frac{3}{5}\right\}\div9$ 〔佼成学園中〕

❷ 右の図の長方形を直線ABのまわりに1回転させたときにできる立体の表面積は□ cm^2 です。ただし，円周率は3.14とします。 〔品川女子学院中〕

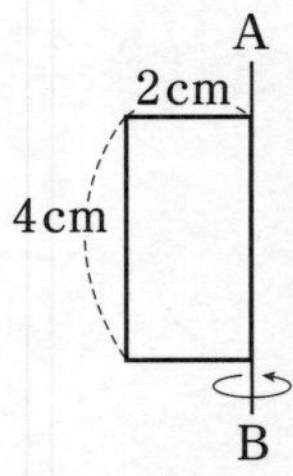

❸ 4個の数があります。このうち3個の和をとったところ，それぞれ180，194，206，215となりました。はじめの4個の数のうち，もっとも大きな数を求めなさい。 〔開成中〕

（　月　日）

❶ $9-8\div7\times6.5+4+3\div2.1$

（答）

❷ 56.2÷21.7＝□余り□（商は，小数第１位まで求めなさい。）

（答）

❸

（答）

パート2

（　月　日）

❶ $\left\{(1.9+5)\times\frac{2}{5}-\frac{3}{5}\right\}\div9$

（答）

❷

（答）

❸

（答）

33日目

□□ ❶ $2\frac{1}{2}\div3+\left(\frac{1}{6}+\frac{2}{3}\right)\div0.75$ 〔東京電機大中〕

□□ ❷ $12\div\{12\div6\div3-3\div(\square+5)\}=36$ 〔四天王寺中〕

□□ ❸ K君は7時21分に徒歩でA地点を出発し，時速4kmでB地点に向かいました。O君は7時16分に自転車でA地点を出発し，K君と同じ道を時速15kmでB地点に向かいました。O君の自転車が出発してから10分後に故障(こしょう)してしまい，その場で10分間修理しましたが，うまく直せず，あきらめて時速1.5kmで自転車をおしながらB地点に向かいました。何時何分にK君はO君に追いつきますか。 〔慶應義塾湘南藤沢中〕

34日目

□□ ❶ $(10\div3)\times(9\div5)\times(8\div7)\times(7\div9)$ 〔法政大第二中〕

□□ ❷ $1\div\left(1+\frac{2}{3+\square}\right)=\frac{5}{6}$ 〔関東学院中〕

□□ ❸ 深さ40cmの円柱形の水そうに，水が入っています。この水そうに，さらに水を入れたところ，水の深さは5分後に17cm，11分後に26cmになりました。水そうがいっぱいになるのは水を入れはじめてから何分何秒後ですか。ただし，水は一定の割合(わりあい)で入れ続けるものとします。 〔学習院女子中〕

（　月　日）

❶ $2\frac{1}{2}\div3+\left(\frac{1}{6}+\frac{2}{3}\right)\div0.75$

（答）

❷ $12\div\{12\div6\div3-3\div(\square+5)\}=36$

（答）

❸

（答）

（　月　日）

❶ $(10\div3)\times(9\div5)\times(8\div7)\times(7\div9)$

（答）

❷ $1\div\left(1+\frac{2}{3+\square}\right)=\frac{5}{6}$

（答）

❸

（答）

35日目

❶ $2\frac{3}{7}-(1-0.55)\times\frac{20}{21}$ 〔神奈川大附中〕

❷ $257\times12-25.7\times60-2570\times0.6$ 〔浦和実業学園中〕

❸ 右の図は，円すいを底面に平行な平面で切ってできた立体です。高さがもとの円すいの半分であるとき，この立体の体積はもとの円すいの体積の何倍ですか。 〔逗子開成中〕

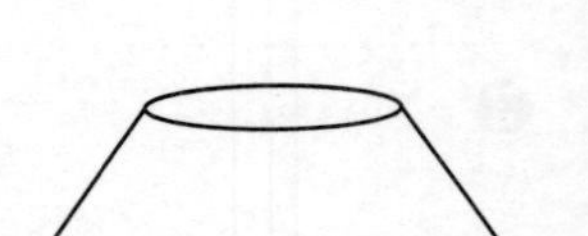

36日目

❶ $\left(2.25\div3+1\frac{7}{8}\times2\right)\div27$ 〔共栄学園中〕

❷ 右の図のような三角形ABCがあり，面積は6 cm²です。このとき，三角形ADE(斜線部分)の面積は□cm²になります。 〔江戸川女子中〕

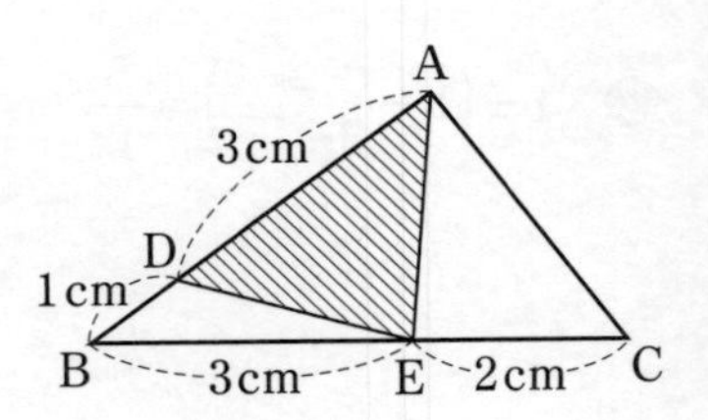

❸ $\frac{23}{148}$ を小数で表したとき，小数第1位から小数第100位までの各位の数の和は□です。 〔清風南海中〕

(月 日)

❶ $2\frac{3}{7}-(1-0.55)\times\frac{20}{21}$

(答)

❷ $257\times12-25.7\times60-2570\times0.6$

(答)

❸

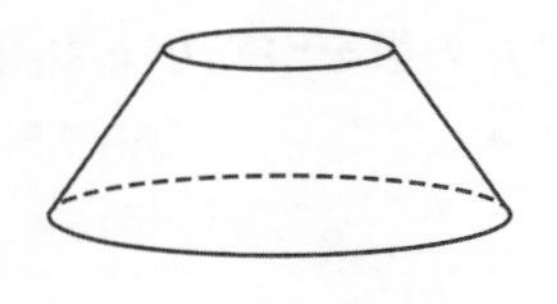

(答) 

(月 日)

❶ $\left(2.25\div3+1\frac{7}{8}\times2\right)\div27$

(答) 

❷

(答)

❸

(答)

37日目

❶ $9.2\times3.6+6.4\times3.5-3.6\times1.9+3.8\times6.4$ 〔日本女子大附中〕

❷ $0.8:\frac{5}{6}=\left(\square+\frac{1}{5}\right):1.25$ 〔成城学園中〕

❸ 1，2，3，4の４枚のカードのうち，３枚のカードを並(なら)べて３けたの数をつくります。つくることのできる数のうち，６の倍数になるのは全部で□個あります。 〔洛南高附中〕

38日目

❶ $3-\frac{5}{6}\div\left(0.75\div\frac{2}{3}\right)$ 〔筑波大附中〕

❷ $\frac{12}{\square}\times\frac{182}{165}\div1\frac{3}{165}=1$ 〔明治学院中〕

❸ まっすぐな線路を一定の速さで走る電車が，この線路と平行な道を時速５kmで歩いている人を７秒で，また，時速14kmで走っている人を８秒で追いぬきました。この電車の速さは時速何kmですか。 〔成蹊中〕

（　月　日）

❶ $9.2\times3.6+6.4\times3.5-3.6\times1.9+3.8\times6.4$

（答）

❷ $0.8:\frac{5}{6}=\left(\square+\frac{1}{5}\right):1.25$

（答）

❸

（答）

（　月　日）

❶ $3-\frac{5}{6}\div\left(0.75\div\frac{2}{3}\right)$

（答）

❷ $\frac{12}{\square}\times\frac{182}{165}\div1\frac{3}{165}=1$

（答）

❸

（答）

39日目

❶ $\frac{3}{4}\div\frac{1}{2}+\frac{15}{16}\div\frac{5}{8}+\frac{27}{28}\div\frac{9}{14}+\frac{39}{40}\div\frac{13}{20}+\frac{51}{52}\div\frac{17}{26}+\frac{63}{64}\div\frac{21}{32}$ 〔成城学園中〕

❷ 250分の1の縮図(しゅくず)で，ある土地の面積を測ったら20 cm^2 でした。この土地の実際の面積は何 m^2 ですか。 〔獨協埼玉中〕

❸ 兄と弟の持っているお金の金額の比は7：4でした。兄が弟に150円あげると，兄と弟が持っているお金の金額の比は8：5になりました。兄は最初□円持っていました。 〔灘　中〕

40日目

❶ $20.12\div\frac{1}{3}\div\frac{1}{4}-2.012\times20-191.2$ 〔立教池袋中〕

❷ 右の図のように，平行四辺形を4つの三角形に分けました。3つの三角形の面積が4 cm^2，5 cm^2，8 cm^2 のとき，残りの斜線部分(しゃせん)の面積を求めなさい。 〔東邦大付属東邦中〕

❸ 右の図のように，平行四辺形 ABCD の辺 BC 上に BE：EC＝2：1 となる点Eをとり，AE と BD の交点をFとします。四角形 FECD の面積と平行四辺形 ABCD の面積の比を，もっとも簡単(かんたん)な整数の比で表すと ア ： イ となります。 〔慶應義塾中〕

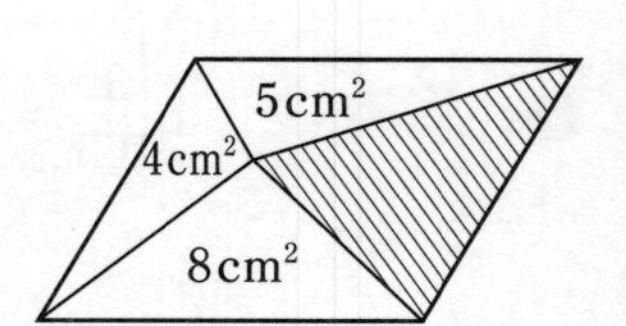

（　　月　　日）

❶ $\frac{3}{4}\div\frac{1}{2}+\frac{15}{16}\div\frac{5}{8}+\frac{27}{28}\div\frac{9}{14}+\frac{39}{40}\div\frac{13}{20}+\frac{51}{52}\div\frac{17}{26}+\frac{63}{64}\div\frac{21}{32}$

（答）

❷

（答）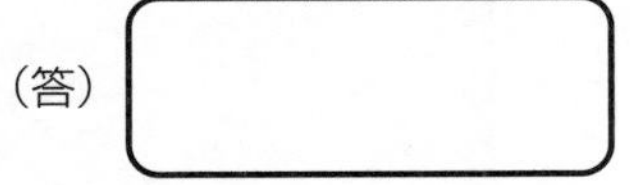

❸

（答）

（　　月　　日）

❶ $20.12\div\frac{1}{3}\div\frac{1}{4}-2.012\times20-191.2$

（答）

❷

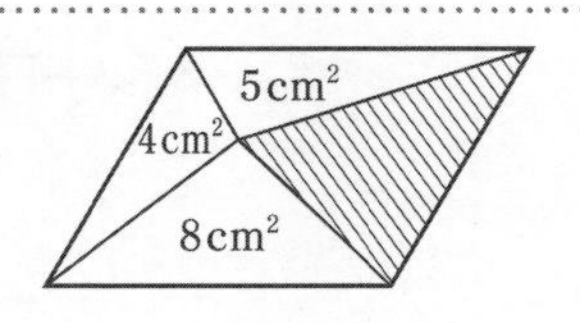

（答）

❸

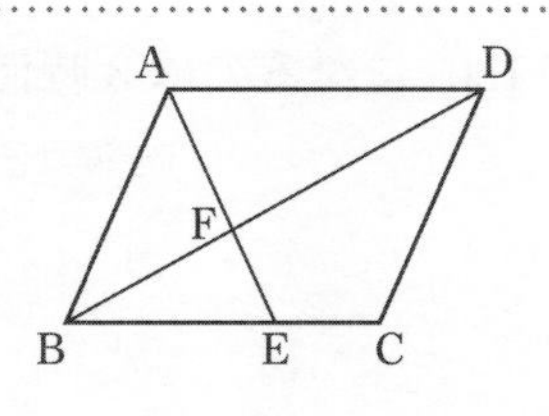

（答）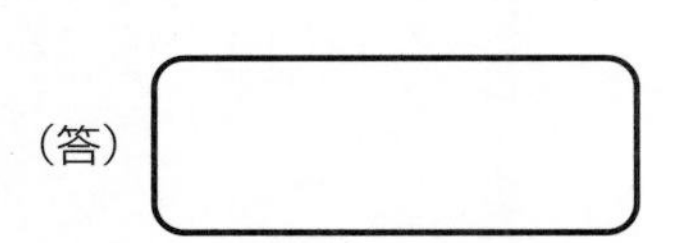

41日目

❶ $123456 \times 63 + 7 \times 7$ 〔慶應義塾普通部〕

❷ $(2.8 - \square) \times \frac{5}{8} + 0.25 = 1$ 〔神奈川大附中〕

❸ 今から３年前，Ａさんの年令の３倍が，妹の年令のちょうど５倍でした。今から６年後，Ａさんの年令の３倍が，妹の年令のちょうど４倍になります。今，Ａさんは何才ですか。 〔早稲田実業学校中〕

42日目

❶ $0.918 \times 0.023 + 0.504 \div 12$ 〔四天王寺中〕

❷ $(6.16 \div \square - 0.35) \times 2.46 = 8.61$ 〔専修大松戸中〕

❸ ３時から４時の間で，時計の長針（ちょうしん）と短針のつくる角度がはじめて130°になるのは３時何分ですか。 〔吉祥女子中〕

（　月　日）

❶ 123456×63+7×7

（答）

❷ (2.8−□)×$\frac{5}{8}$+0.25=1

（答）

❸

（答）

（　月　日）

❶ 0.918×0.023+0.504÷12

（答）

❷ (6.16÷□−0.35)×2.46=8.61

（答）

❸

（答）

43日目

❶ $\frac{41}{15}-\frac{4}{9}\div\left(1\frac{1}{2}\times\frac{2}{9}-\frac{1}{11}\right)$ 〔東大寺学園中〕

❷ $(2.5-\square)\times1\frac{2}{3}+1=4\frac{3}{4}$ 〔星野学園中〕

❸ あめとガムとチョコレートの3種類のお菓子(かし)から，合計10個を選んで買います。あめもガムもチョコレートも最低1個は買うものとすれば，買い方は全部で□通りあります。

〔大阪桐蔭中〕

44日目

❶ $\left(\frac{13}{21}-\frac{3}{28}\times\frac{4}{5}\right)\times\left(\frac{7}{20}-\frac{2}{15}\times\frac{9}{7}\right)$ 〔高槻中〕

❷ 1辺の長さが12 cmの正方形ABCDがあります。AE，EF，FAで折って三角すいをつくります。三角形AEFを底面と考えたときの三角すいの高さを求めなさい。ただし，点E，FはそれぞれBC，CDの真ん中の点とし，(三角すいの体積)＝(底面の面積)×(高さ)÷3とします。

〔芝浦工業大中〕

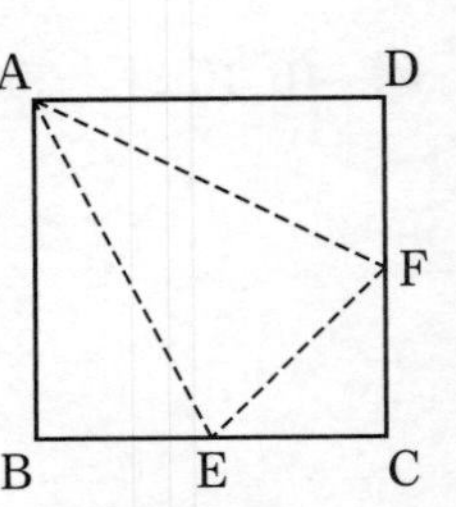

❸ 41，50，86の3つの数をある整数でわると，余りは同じになります。このある整数のうち，もっとも大きいものを求めなさい。 〔江戸川学園取手中〕

（　月　日）

❶ $\frac{41}{15}-\frac{4}{9}\div\left(1\frac{1}{2}\times\frac{2}{9}-\frac{1}{11}\right)$

（答）

❷ $(2.5-\square)\times1\frac{2}{3}+1=4\frac{3}{4}$

（答）

❸

（答）

（　月　日）

❶ $\left(\frac{13}{21}-\frac{3}{28}\times\frac{4}{5}\right)\times\left(\frac{7}{20}-\frac{2}{15}\times\frac{9}{7}\right)$

（答）

❷

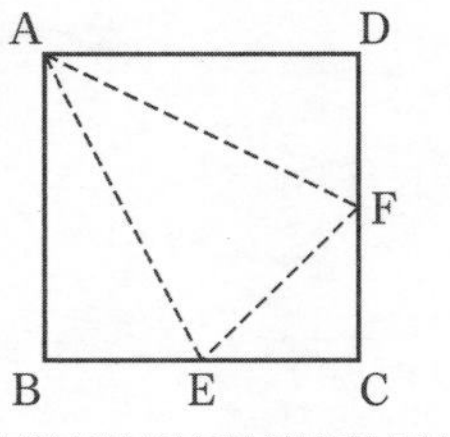

（答）

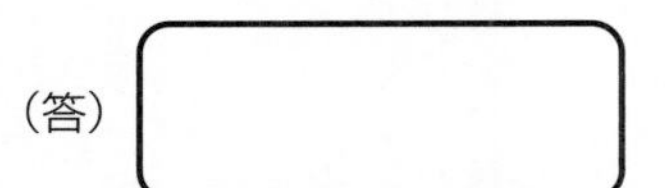

❸

（答）

45日目

❶ $2\frac{2}{5}-\left\{1\frac{3}{5}+\left(\frac{2}{3}-\frac{4}{15}\right)\times 0.25\right\}\div 3$ 〔品川女子学院中〕

❷ $0.5\times\frac{2}{5}-(6\times 0.3-\square)\div 4=0$ 〔明治大付属中野八王子中〕

❸ 立方体を1つの平面で切断したときの切断面を考えます。次の①から⑧のうち，切断面として現れない図形をすべて番号で選びなさい。

①正三角形　②直角三角形　③ひし形　④台形
⑤五角形　⑥六角形　⑦七角形　⑧八角形 〔栄東中〕

46日目

❶ $\left(1\frac{5}{8}-\frac{8}{15}\times 0.75\right)\div\left(4\frac{1}{2}\div 2\frac{4}{7}\right)$ 〔桐朋中〕

❷ 四捨五入(ししゃごにゅう)して3.14になる数は何以上何未満ですか。 〔日本大豊山中〕

❸ A君とB君の所持金の比は3：4でしたが，2人とも800円ずつ使ったので，所持金の比が11：16になりました。A君の最初の所持金は何円でしたか。 〔高輪中〕

（　月　日）

❶ $2\frac{2}{5}-\left\{1\frac{3}{5}+\left(\frac{2}{3}-\frac{4}{15}\right)\times 0.25\right\}\div 3$

（答）

❷ $0.5\times\frac{2}{5}-(6\times 0.3-\square)\div 4=0$

（答）

❸

（答）

（　月　日）

❶ $\left(1\frac{5}{8}-\frac{8}{15}\times 0.75\right)\div\left(4\frac{1}{2}\div 2\frac{4}{7}\right)$

（答）

❷

（答）

❸

（答）

47日目

❶ $6.38\times95.1-6.38\times87.2+7.9\times3.62$ 〔立教池袋中〕

❷ $1+\cfrac{1}{1+\cfrac{1}{1+\cfrac{1}{1+\cfrac{1}{5}}}}$ 〔かえつ有明中〕

❸ A，B，C，D，E，F は 7 でないすべて異なる数字です。5 けたの数 ABCDE を 7 倍すると，6 けたの数 FFFFFF になります。このとき，5 けたの数 ABCDE を求めなさい。〔早稲田中〕

48日目

❶ $1\div2\times4\div8\times16\div32\times64\div128\times256\div512\times1024$ 〔昭和学院秀英中〕

❷ 右の図は，体積が □ cm^3 の直方体の展開図(てんかいず)です。〔香蘭女学校中〕

8cm
16cm
20cm

❸ ある試験で，150 人の受験生のうち合格者は 30 人でした。合格者の平均点は不合格者の平均点より 35 点高く，受験生全体の平均点は 46 点でした。合格者の平均点は□点です。

〔国府台女子学院中〕

（　月　日）

❶ $6.38\times95.1-6.38\times87.2+7.9\times3.62$

（答）

❷ $1+\cfrac{1}{1+\cfrac{1}{1+\cfrac{1}{1+\cfrac{1}{5}}}}$

（答）

❸

（答）

（　月　日）

❶ $1\div2\times4\div8\times16\div32\times64\div128\times256\div512\times1024$

（答）

❷

8cm
16cm
20cm

（答）

❸

（答）

49日目

❶ $3\frac{9}{10}-2\div\frac{300}{541}+2\frac{13}{100}\times11$ 〔金蘭千里中〕

❷ $(\square+3)\times5-32=\square+3\times5$　（□には同じ数が入ります。） 〔江戸川女子中〕

❸ 8％の食塩水 ① gに，12％の食塩水 ② gと食塩10gをよくかき混ぜると，10％の食塩水が800gできます。 〔灘　中〕

50日目

❶ $\left\{3\frac{2}{3}-(6.805-4.555)\right\}\times3.75$ 〔頌栄女子学院中〕

❷ $\frac{1}{5}+\frac{1}{45}+\frac{1}{117}$ 〔市川中〕

❸ 右の図の太線は，縦（たて）4cm，横3cm，対角線5cmの長方形をすべらないように転がしたとき，頂点Aのえがく曲線です。斜線（しゃせん）部分の面積を求めなさい。ただし，円周率は3.14とします。 〔聖セシリア女子中〕

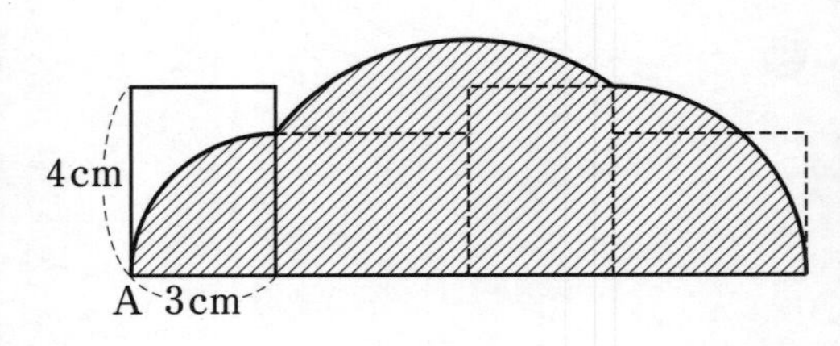

（　月　日）

❶ $3\frac{9}{10}-2\div\frac{300}{541}+2\frac{13}{100}\times11$

（答）

❷ $(\square+3)\times5-32=\square+3\times5$ （□には同じ数が入ります。）

（答）

❸

（答）

（　月　日）

❶ $\left\{3\frac{2}{3}-(6.805-4.555)\right\}\times3.75$

（答）

❷ $\frac{1}{5}+\frac{1}{45}+\frac{1}{117}$

（答）

❸

4cm
A 3cm

（答）

51日目

❶ $7-\left(\square\times\frac{6}{5}+4\right)\div\frac{3}{2}=1$ 〔逗子開成中〕

❷ 1から99までの奇数(きすう)を全部たすと，いくつになりますか。 〔田園調布学園中〕

❸ 次のように，あるきまりで分数が並(なら)んでいます。

$\frac{1}{1}$, $\frac{2}{1}$, $\frac{2}{3}$, $\frac{3}{1}$, $\frac{3}{3}$, $\frac{3}{5}$, $\frac{4}{1}$, $\frac{4}{3}$, $\frac{4}{5}$, $\frac{4}{7}$, $\frac{5}{1}$, $\frac{5}{3}$, ……

はじめからかぞえて30番目までの数の中で，約分すると1になる数はいくつありますか。

〔和洋国府台女子中〕

52日目

❶ $5\div(\square\times1.75-0.625)=2.5$ 〔慶應義塾湘南藤沢中〕

❷ 右の図のように，三角形ABCの各辺を3等分して，そのうち4点を結び，四角形をつくりました。このとき，三角形ABCと斜(しゃ)線(せん)部分の四角形の面積をもっとも簡単(かんたん)な整数比で答えなさい。

〔芝浦工業大柏中〕

A
B
C

❸ 0.6以上0.8以下の分数で，分母が36である既約(きやく)分数をすべて求めなさい。既約分数とは，それ以上約分ができない分数のことをいいます。 〔西武学園文理中〕

（　月　日）

❶ $7-\left(\square\times\frac{6}{5}+4\right)\div\frac{3}{2}=1$

（答）

❷

（答）

❸

（答）

（　月　日）

❶ $5\div(\square\times1.75-0.625)=2.5$

（答）

❷

A

B　C

（答）

❸

（答）

53日目

❶ $\frac{1}{13}\times9\times9\times3.14-\frac{1}{13}\times4\times4\times3.14$ 〔東京都市大付中〕

❷ $8\frac{2}{3}$ m のリボンから $\frac{2}{5}$ m のリボンを，できるだけたくさん切り取るとき，リボンは何本取ることができますか。また，余りの長さは何 m ですか。 〔筑波大附中〕

❸ 3つの整数[ア]，[イ]，[ウ]について，[ア]と[イ]の積は 63，[ア]と[ウ]の積は 117，[イ]と[ウ]の積は 819 です。 〔清風南海中〕

54日目

❶ $\left(2\frac{5}{12}-1\frac{17}{40}\right)\div2\frac{1}{8}$ 〔慶應義塾普通部〕

❷ $\frac{17}{18}=\frac{1}{\text{ア}}+\frac{1}{\text{イ}}+\frac{1}{\text{ウ}}$ （ア，イ，ウは整数で，ア＜イ＜ウ） 〔清風南海中〕

❸ A地点からB地点まで，自動車で往復しました。このときの平均の速さは時速 48 km でした。行きに時速 60 km で走ったとすると，帰りは時速□ km で走ったことになります。 〔江戸川女子中〕

（　月　日）

❶ $\frac{1}{13}\times9\times9\times3.14-\frac{1}{13}\times4\times4\times3.14$

（答）

❷

（答）

❸

（答）

（　月　日）

❶ $\left(2\frac{5}{12}-1\frac{17}{40}\right)\div2\frac{1}{8}$

（答）

❷ $\frac{17}{18}=\frac{1}{\boxed{ア}}+\frac{1}{\boxed{イ}}+\frac{1}{\boxed{ウ}}$　（ア，イ，ウは整数で，ア＜イ＜ウ）

（答）

❸

（答）

55日目

❶ $\dfrac{5}{21}+\dfrac{39-\square\times 5}{7}=\dfrac{17}{21}$ 〔東邦大付属東邦中〕

❷ 3707＋3711＋3715＋3719＋……＋3743 〔慶應義塾中〕

❸ 右の図は，1辺の長さが5 cmの立方体を2つ組み合わせた立体です。このとき，3つの点A，B，Cを結んでできる三角形ABCの面積は□ cm^2 です。 〔専修大松戸中〕

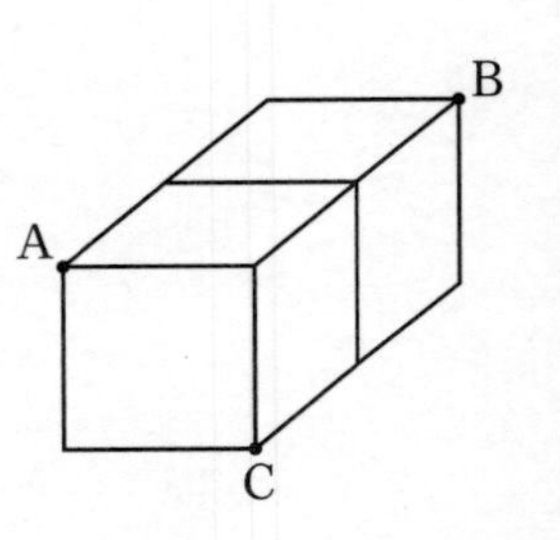

56日目

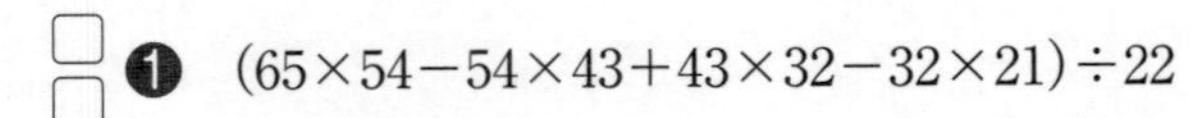

❶ (65×54－54×43＋43×32－32×21)÷22 〔城北中〕

❷ 右の図は，ある円すいの展開図（てんかいず）です。この円すいの表面積は□ cm^2 です。ただし，円周率は3.14とします。 〔大妻中野中〕

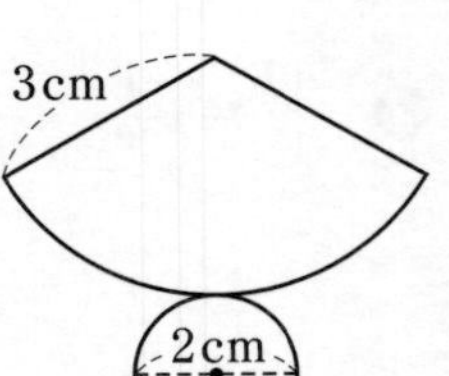

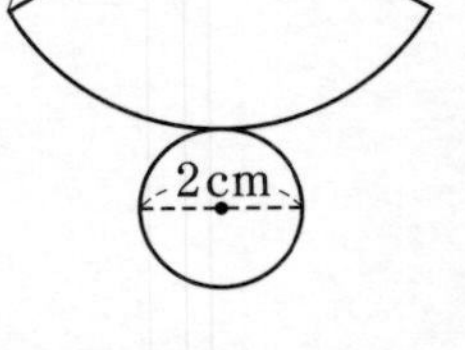

❸ 2つの数をたす式を次のようにつくっていきます。このとき，80番目の式を計算した答えはいくつですか。

1番目	2番目	3番目	4番目	5番目	6番目	7番目	……
1＋3	3＋6	6＋10	10＋15	15＋21	21＋28	28＋36	……

〔東京学芸大附属竹早中〕

（　月　日）

❶ $\frac{5}{21}+\frac{39-\square\times5}{7}=\frac{17}{21}$

（答）

❷ 3707＋3711＋3715＋3719＋……＋3743

（答）

❸

A
B
C

（答）

（　月　日）

❶ (65×54－54×43＋43×32－32×21)÷22

（答）

❷

3cm
2cm

（答）

❸

（答）

57日目

❶ $77 \div \left(1.2 \times \square - \frac{15}{2}\right) = \frac{70}{3}$　〔豊島岡女子学園中〕

❷ $5 - \left\{\frac{11}{12} - \left(\square + \frac{1}{3}\right) \div 1.25\right\} = 4.75$　〔大妻多摩中〕

❸ 家から駐輪場(ちゅうりんじょう)を通って目的地までは 8 km の道のりです。家から駐輪場まで自転車で分速 200 m で走り，残りを分速 50 m で歩いたら，目的地まで 1 時間 10 分かかりました。駐輪場から目的地までは何 m ですか。　〔法政大第二中〕

58日目

❶ $\frac{1}{26} \div \left(\frac{15}{13} - \square \times \frac{8}{9}\right) = \frac{3}{38}$　〔フェリス女学院中〕

❷ 17×72×34×333 を 10 でわったとき，余りはいくらですか。　〔洛南高附中〕

❸ 春子さんが 50 円切手と 80 円切手を買いに行きました。1000 円でおつりがくるはずでしたが，50 円切手と 80 円切手の枚数を逆に買ってしまったため，代金は 120 円余分にかかり，1000 円より多くなってしまいました。春子さんは，はじめに 50 円切手を何枚買うつもりでしたか。　〔学習院女子中〕

（　月　日）

❶ $77 \div \left(1.2 \times \square - \frac{15}{2}\right) = \frac{70}{3}$

（答）

❷ $5 - \left\{\frac{11}{12} - \left(\square + \frac{1}{3}\right) \div 1.25\right\} = 4.75$

（答）

❸

（答）

（　月　日）

❶ $\frac{1}{26} \div \left(\frac{15}{13} - \square \times \frac{8}{9}\right) = \frac{3}{38}$

（答）

❷

（答）

❸

（答）

59日目

❶ $\left(4-\frac{1}{3}\times\square\right)\div\frac{5}{8}-\left(\frac{1}{6}+2\right)=0.5$ 〔吉祥女子中〕

❷ 1から200までの整数で，3でわり切れるが，4ではわり切れない整数はいくつありますか。

〔江戸川学園取手中〕

❸ 底面が縦（たて）5 cm，横7 cmの長方形である直方体の容器に，水を入れて傾（かたむ）けたところ，右の図のようになりました。容器に入れた水の体積は□ cm^3 です。

〔頌栄女子学院中〕

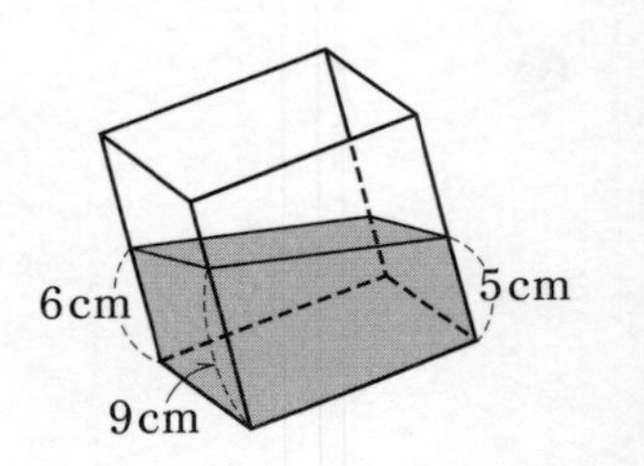

60日目

❶ $\left(0.375\times\frac{1}{3}+0.5\times\frac{1}{4}\right)\div2.4\div\square=\frac{5}{24}$ 〔桐光学園中〕

❷ 右の図は AB＝AC の二等辺三角形です。辺 AC の上に，AD＝BD＝BC となる点をとることができるのは，アの角が何度のときですか。

〔法政大第二中〕

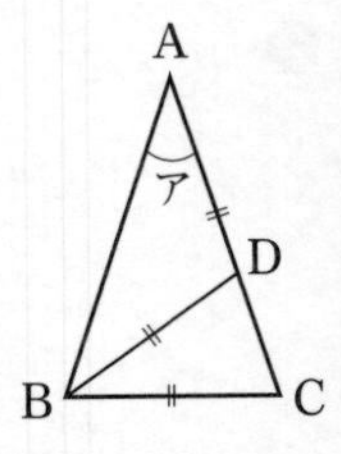

❸ 右の図の四角形について，x の値（あたい）を求めなさい。

〔ラ・サール中〕

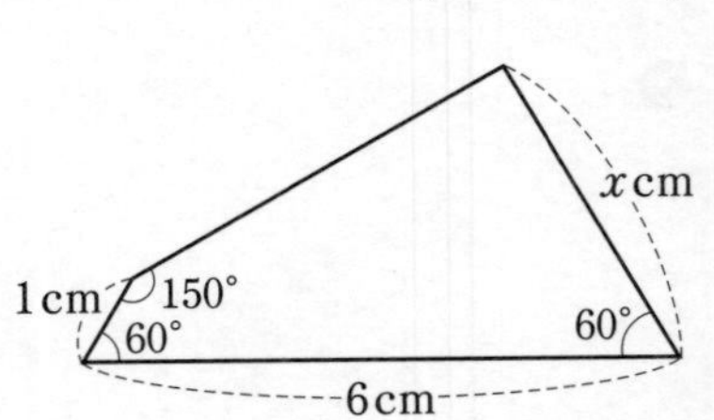

(　月　日)

❶ $\left(4-\frac{1}{3}\times\square\right)\div\frac{5}{8}-\left(\frac{1}{6}+2\right)=0.5$

(答)

❷

(答)

❸

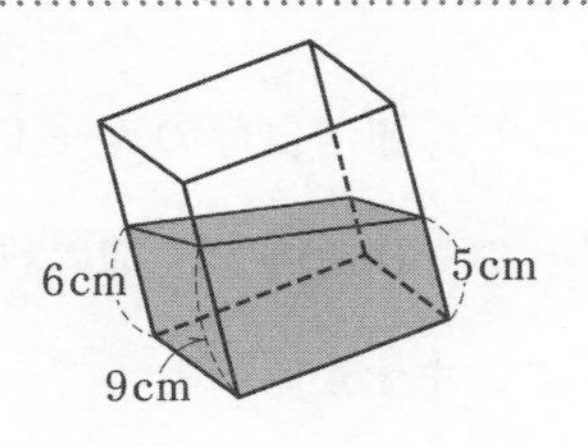

(答)

(　月　日)

❶ $\left(0.375\times\frac{1}{3}+0.5\times\frac{1}{4}\right)\div2.4\div\square=\frac{5}{24}$

(答)

❷

A
ア
D
B
C

(答)

❸

$x$cm
1cm
150°
60°
60°
6cm

(答)

1 池のまわりを1周する遊歩道があり，A，Bの2人がそれぞれ一定の速さで歩きます。スタート地点から2人が同時に出発し，逆向きに池のまわりを歩くと，6分後に2人ははじめてすれちがいます。また，スタート地点から2人が同時に出発し，同じ向きに池のまわりを歩くと，Aがちょうど4周し終わったときにはじめてBを追いこします。Aは池のまわりを1周するのに□分かかります。

〔灘　中〕

2 1から15までの15個の整数をすべてかけたとき，下4けたはいくつですか。

〔早稲田中〕

3 姉妹がカードを集めています。妹は11枚しか持っていなかったので，姉は自分のカードの$\frac{1}{5}$をあげました。さらにお母さんが2人に6枚ずつカードを買ってくれたので，姉の枚数が妹の枚数の2倍になりました。現在，姉は何枚のカードを持っていますか。

〔東洋英和女学院中〕

4 右の図は，1辺が2.6 cmの正三角形を組み合わせた後，周囲を曲線で囲んだものです。曲線は円周の一部を組み合わせたものであり，その中心はすべて正三角形の頂点(ちょうてん)で，その半径は正三角形の1辺と同じまたは2倍になっています。斜線(しゃせん)部分の面積は□ cm^2 です。ただし，円周率は3.14とします。

〔渋谷教育学園渋谷中〕

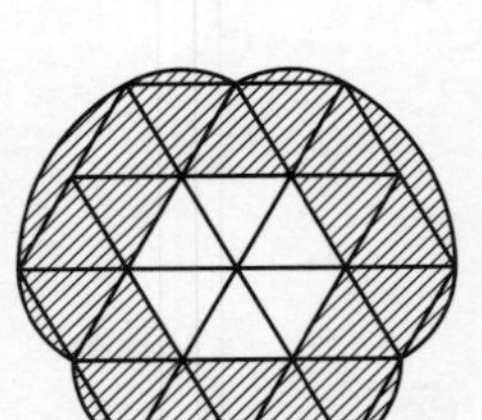

5 右の図のように，規則にそって1から順に数字を並(なら)べます。このとき，1から上に5，左に3移動した数は□です。

〔栄東中〕

10	9	8	7
11	2	1	6
12	3	4	5
13	14	…………	

6 右の図のような台形ABCDを，直線ADのまわりに1回転させてできる立体の体積と表面積を求めなさい。ただし，円周率は3.14とし，円すいの体積は，(底面積)×(高さ)÷3 で求められます。

〔洛星中〕

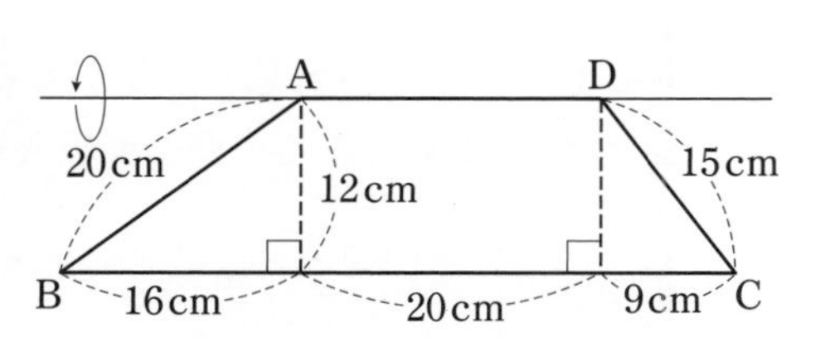

7 1，2，2，2，2，3，3，3，3，3，3，3，3，3，4，4，4，4，4，4，4，4，4，4，4，4，4，4，4，4，5，……のように，ある規則で数が並(なら)んでいます。1番目から100番目までの数の和はいくつですか。

〔公文国際学園中〕

8 同じ幅(はば)の赤色のテープと白色のテープがいくつかあります。赤色のテープの長さは4cm，白色のテープの長さは7cmです。赤色と白色のテープを，のりしろがどこも1cmとしてはり合わせ，64cmのテープをつくりました。使ったテープは全部で16本でした。このとき使った赤色のテープの本数は□本です。

〔横浜共立学園中〕

9 右の図の印のついた15個の角の大きさの和を求めなさい。

〔浅野中〕

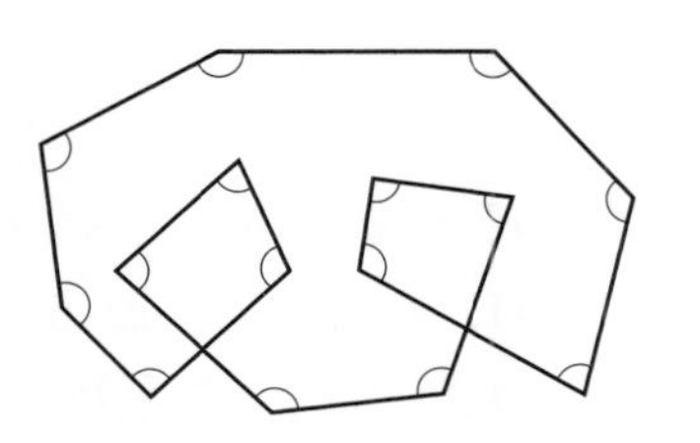

10 2けたの整数から1をひくと17でわり切れ，また，この整数を2倍して5をひくと11でわり切れます。このとき，この整数は□です。

〔大阪星光学院中〕

11 ある整数Aは3の倍数で，しかも奇数(きすう)です。11573をAでわると23余り，6940をAでわると10余ります。このような整数Aをすべて求めなさい。〔開成中〕

12 三角形ABCのそれぞれの辺の長さは，ABが31 cm，BCが15 cm，CAが40 cmです。三角形ABDと三角形BCDの周の長さが同じであるとき，三角形ABDの面積は三角形BCDの面積の何倍になりますか。〔筑波大附中〕

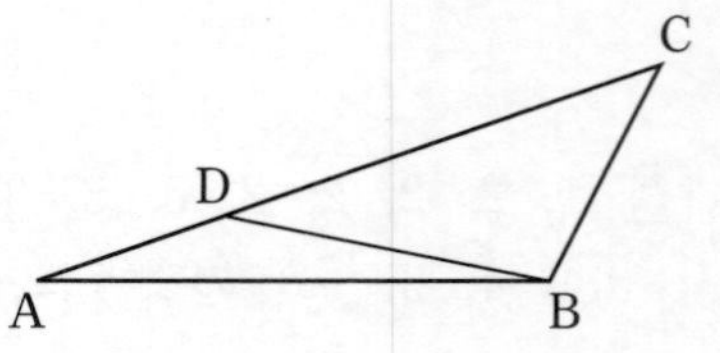

13 2台の自動車A，Bが，地点Pから360 km離(はな)れた地点Qに向かって同時に出発します。自動車Aは時速50 kmで走り，200 km走ると40分間停車し，また走り出します。自動車Bは時速□kmで走り，100 km走るごとに20分間停車します。このとき，自動車Bは自動車Aより52分早く地点Qに到着(とうちゃく)します。〔渋谷教育学園渋谷中〕

3 パート

14 10を0より大きい3つの整数に分ける分け方は，(1，1，8)，(1，2，7)，(1，3，6)，(1，4，5)，(2，2，6)，(2，3，5)，(2，4，4)，(3，3，4)の8通りがあります。20を0より大きい3つの整数に分ける分け方は□通りあります。〔慶應義塾中〕

15 半径が3 cmの円の周上に点Aがあります。点Aを中心として，この円を30°回転させてできる円が図のようにあります。斜線(しゃせん)部分の面積を求めなさい。ただし，円周率は3.14とします。〔麻布中〕

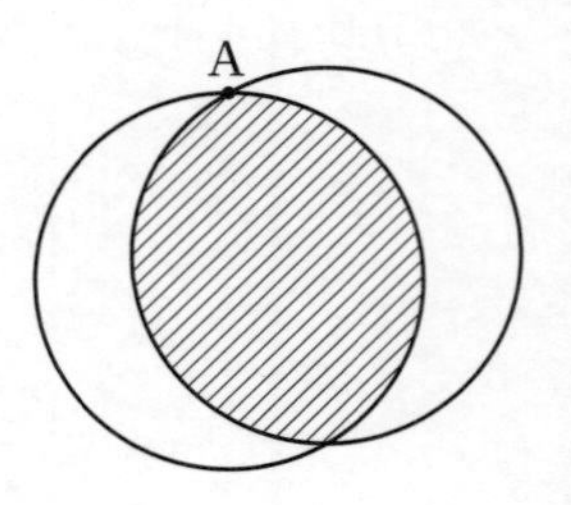

解答編

パート 1

●1日目

解答

①15 ②4 ③75

解き方

① $25-6\times2+2$
$=25-12+2$
$=15$

② $12-(2+8\times3)+54\div3$
$=12-26+18$
$=30-26$
$=4$

③ 1万円を支払(しはら)ったところ，おつりが2500円だったから，100本の合計代金は7500円である。
60円の鉛筆(えんぴつ)を□本買ったとして，鉛筆の合計代金とペンの合計代金を面積図に表すと，下のようになる。

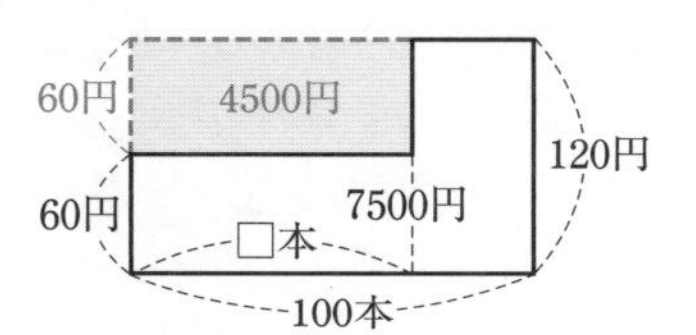

図形全体の面積は $120\times100=12000$(円) だから，色のついた部分の面積は $12000-7500=4500$(円) となる。
よって，鉛筆の本数は $4500\div(120-60)=75$(本)

●2日目

解答

①30 ②102 ③20

解き方

① $9+119\times3\div17$
$=9+119\div17\times3$
$=9+7\times3$
$=30$

② $(65-48+29)\times51\div23$
$=46\times51\div23$
$=46\div23\times51$
$=2\times51$
$=102$

③ 下のような図(ベン図という)で，それぞれの人数を整理する。

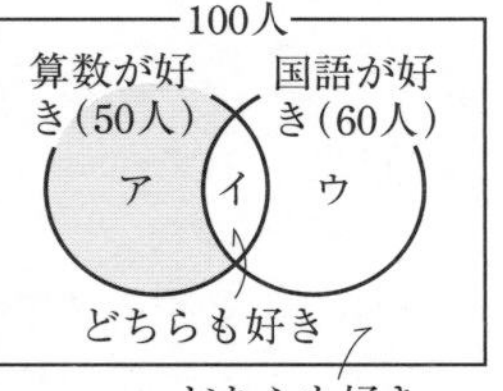

ア，イ，ウはそれぞれ算数だけ好きな児童，どちらも好きな児童，国語だけ好きな児童の人数を表している。
ア＋イ＋ウ は $100-20=80$(人)
また，イは $(50+60)-80=30$(人)
よって，アは $50-30=20$(人) だから，算数だけ好きな児童は20人

おぼえておこう

ベン図の重なった部分は下のように求める。

（重なった部分）＝（円）＋（円）－（重なった2つの円）

●3日目

解答

①25 ②8，13，45 ③12個

解き方

①
```
          2 5
2.3 4 )5 8.5 0
       4 6 8
       1 1 7 0
       1 1 7 0
             0
```

② 1日は $60分\times24=1440$分 だから，
$12345分\div1440=8$日余り825分
$825分\div60=13$時間余り45分
よって，12345分は8日13時間45分

③ 一の位が5のとき，5の倍数になる。
右のような図(樹形図(じゅけいず)という)で考えると，

百の位	十の位	一の位
1	2	5
	3	5
	4	5

百の位が1のとき，3けたの数字は3通りできる。
同じように，百の位が2，3，4の場合も3通りず

つできるから，3×4＝12(個)

別解　一の位は5のときだけだから，1通り。百の位の選び方は1から4の4通りで，十の位の選び方は百の位で選んだ数以外の3通りある。

よって，4×3×1＝12(個)

おぼえておこう

倍数は次のように見分ける。

2の倍数……一の位が偶数(ぐうすう)

3の倍数……それぞれの位の数字の和が3の倍数
例えば，123のそれぞれの位の数字の和は1+2+3＝6で3の倍数だから，123も3の倍数である。

5の倍数……一の位が0または5

●4日目

解答

① 12　② 2.28 cm²　③ 時速 6 km

解き方

① 15－{21－3×(15－9)}
＝15－(21－3×6)
＝15－3
＝12

② 右の図より，半径2cmで中心角90°のおうぎ形から直角二等辺三角形をひけば，斜線(しゃせん)部分の面積の半分を求めることができる。

2×2×3.14÷4－2×2÷2
＝4÷4×3.14－2
＝3.14－2
＝1.14(cm²)

よって，斜線部分の面積は 1.14×2＝2.28(cm²)

③ 行き(上り)の時速は，72÷6＝12(km)
帰り(下り)の時速は，72÷3＝24(km)
上りと下りの速さと静水時の速さを線分図に表すと，下のようになる。

下りと上りの時速の差は時速12kmで，これは流れの速さの2つ分である。

よって，流れの速さは，時速6km

おぼえておこう

上りの速さと下りの速さがわかっているとき，
静水時の船の速さ＝(上りの速さ＋下りの速さ)÷2
流れの速さ＝(下りの速さ－上りの速さ)÷2

●5日目

解答

① 45　② 154　③ 69

解き方

① 51－36÷{(7－3)×5－14}
＝51－36÷(4×5－14)
＝51－36÷6
＝45

② 1+8+15+22+29+36+43は，となり合う数の差が一定である数の和だから，端(はし)どうしの数を順にたしていくとそれぞれ44になり，22が残る。

よって，44×3+22＝154

おぼえておこう

このようなとなり合う数の差が一定な数の並(なら)びを等差数列(とうさすうれつ)という。等差数列の和は，
{(最初の数＋最後の数)}×(数の個数)÷2
で求めることができる。

別解　上の等差数列の和の公式を使って，
(1+43)×7÷2
＝44×7÷2
＝154

③ 右の図より，

角 B′AD
＝(180°－84°)÷2＝48°
角 BAB′＝90°－48°＝42°
より，
角 CAB′＝42°÷2＝21°

よって，あの角の大きさは，
180°－90°－21°＝69°

●6日目

解答

① 31　② 2010　③ 40日間

解き方

① 2013÷33－32÷8×14+26

=61−56+26
=31

② 670×1.8+12×67
=67×18+12×67
=67×(18+12)
=67×30
=2010

おぼえておこう　分配の法則
$(a+b)\times c=a\times c+b\times c$
$(a-b)\times c=a\times c-b\times c$

③ 仕事全体を1とすると，夏子さんと春子さんの2人が1日でする仕事量は $1\div15=\frac{1}{15}$
はじめ2人が10日間で $\frac{1}{15}\times10=\frac{2}{3}$ の仕事をするから，残りの仕事量は $1-\frac{2}{3}=\frac{1}{3}$
この $\frac{1}{3}$ の仕事をするのに夏子さんは8日間かかるから，夏子さんの1日の仕事量は $\frac{1}{3}\div8=\frac{1}{24}$
よって，春子さんの1日の仕事量は $\frac{1}{15}-\frac{1}{24}=\frac{1}{40}$
だから，春子さん1人では $1\div\frac{1}{40}=40$(日間)かかる。

●7日目

解答
① 12　② 50　③ 月曜日

解き方
① 42−{(113−65)÷4×3−102÷(7×2+3)}
=42−(48÷4×3−102÷17)
=42−(36−6)
=42−30
=12

② 1.2 ha=12000 m² より，12000÷240=50(倍)

おぼえておこう
$1\ \mathrm{km}^2=1000\ \mathrm{m}\times1000\ \mathrm{m}=1000000\ \mathrm{m}^2$
$1\ \mathrm{ha}=100\ \mathrm{m}\times100\ \mathrm{m}=10000\ \mathrm{m}^2$
$1\ \mathrm{a}=10\ \mathrm{m}\times10\ \mathrm{m}=100\ \mathrm{m}^2$

③ 1月は31日までだから，あと 31−20=11(日間)あり，2月から6月までは
28+31+30+31+30=150(日間)ある。
よって，7月6日は1月20日の
11+150+6=167(日後) になる。
167日÷7日=23週間余り6日より，1月20日から23週間後の日も火曜日で，その6日後だから，水，木，金，土，日，月より，7月6日は月曜日。

おぼえておこう
2月，4月，6月，9月，11月は31日までない月で，2月は28日(うるう年では29日)まで，その他の月は30日まである。
11を漢字で表し縦(たて)に書くと，「士(さむらい)」となることから，31日までない月を順に並(なら)べて，「西向くさむらい」と覚えておこう。

●8日目

解答
① 0.5　② 60°　③ 147

解き方
① (5.8+6.7)×0.2−0.1÷0.05
=12.5×0.2−2
=2.5−2
=0.5

② 下の図より，㋐は 180°−60°−60°=60°

③ 17でわると11余る数は，
11，28，45，62，79，96，113，130，147，……
9でわると3余る数は，
3，12，21，30，39，48，57，66，75，84，93，102，111，120，129，138，147，……
よって，条件にあてはまる最小の数は147であることがわかる。
別解　17−11=6 より，17でわると11余る数は，(17の倍数)−6
9−3=6 より，9でわると3余る数は，(9の倍数)−6
よって，求める数は (17と9の最小公倍数)−6 である。
17と9の最小公倍数は153だから，153−6=147

おぼえておこう

このような問題で，わる数から余りをひいた数が同じ場合は，わる数の最小公倍数からその差をひけば，条件にあてはまる最小の数を求めることができる。

●9日目

解答

① 3　② 2　③ 8

解き方

① 18−(75−15×2.6)÷2.4
=18−(75−39)÷2.4
=18−36÷2.4
=18−15
=3

② 7−(8×□−10)+11=12
7−(8×□−10)=12−11
7−(8×□−10)=1
8×□−10=7−1
8×□−10=6
8×□=6+10
8×□=16
□=16÷8
□=2

おぼえておこう

□を求める計算で「かける」か「わる」か迷ったとき，6÷2=3 などの簡単な計算で試すとよい。
6÷□=3 であれば，□=6÷3 となる。
□÷2=3 であれば，□=3×2 となる。

③ 下のように，2つずつの組に分けて考えると，それぞれの組の左の数は，組の番号と同じであることがわかる。
1組　2組　3組　4組　5組
1，2 | 2，4 | 3，6 | 4，8 | 5，10 | ……
15番目の数は 15÷2=7 余り1より，
7+1=8(組目)の左の数だから，8

●10日目

解答

① 14　② 31.25　③ 12 cm

解き方

① $2.25+\frac{3}{4}+7\div0.5-3$
=2.25+0.75+14−3
=3+14−3
=3−3+14
=14

② 11+(□÷10−9÷8)−7=6
4+(□÷10−1.125)=6
□÷10−1.125=6−4
□÷10−1.125=2
□÷10=3.125
□=3.125×10
□=31.25

③ 三角形ABCの3辺は短い辺から順に 21 cm，28 cm，35 cm だから，辺の長さの比は
③：④：⑤
三角形EFCは三角形ABCを縮小(しゅくしょう)したものだから，
CF：FE は CB：BA と等しく，③：④
また，四角形DBFEは正方形だから，BFとEFの長さは等しく，BF=④
BC=④+③=⑦ で，これが 21 cm だから，
①=21÷7=3(cm)
よって，正方形㋐の1辺の長さは④だから，
3×4=12(cm)

おぼえておこう

形が同じで大きさがちがう2つの図形(拡大・縮小した図形)を相似(そうじ)な図形という。相似な図形で，対応する辺の長さの比を相似比という。
上の図では，三角形EFCと三角形ABCは相似で，相似比は 3：7 である。

●11日目

解答

① $3\frac{3}{4}$　② 20　③ ① 82　② 17

解き方

① 15÷{5×18+9÷(13−8÷2)×6}×24
=15÷(90+9÷9×6)×24
=15÷(90+6)×24

$=15\div96\times24$

$=\dfrac{15\times24}{96}$

$=\dfrac{15}{4}$

$=3\dfrac{3}{4}$

② 分速を時速に直すと，250×60＝15000(m) より，時速 15 km だから，

時速 □ km：時速 15 km＝4：3

□：15＝4：3

□×3＝15×4

□×3＝60

□＝20

おぼえておこう

$a:b=c:d$ のとき，$a\times d=b\times c$

③ 右のような面積図で考える。4個ずつ配る場合と6個ずつ配る場合で，子ども1人につき，差は2個である。

全体の差は 14＋20＝34(個) だから，子どもの人数は，34÷2＝17(人)

よって，あめの個数は 4×17＋14＝82(個)

●12日目

解答

① **246** ② **10.5** ③ A **1500円**，B **1300円**

解き方

① 2.46×70＋0.8×2×492－24.6×29

＝246×0.7＋0.8×2×2×246－246×2.9

＝246×(0.7＋0.8×2×2－2.9)

＝246×(0.7＋3.2－2.9)

＝246×1

＝246

② 右の図で，三角形ABPと三角形CDPは相似(そうじ)であり，相似比は3：7

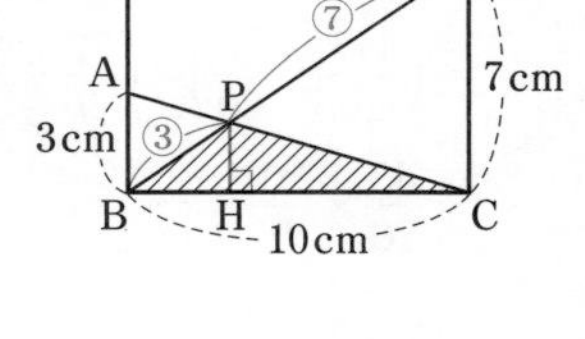
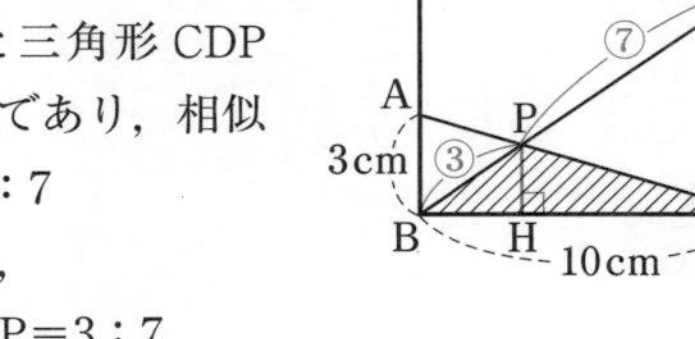

よって，

BP：DP＝3：7

また，補助線(ほじょせん)PHをひくと，三角形BPHと三角形BDCは相似であり，相似比は，

BP：BD＝3：(3＋7)＝3：10

よって，PH：DC＝3：10

PH：7＝3：10 より，PH×10＝7×3

$PH=\dfrac{21}{10}(cm)$

よって，斜線(しゃせん)部分の面積は，

$10\times\dfrac{21}{10}\div2=10.5(cm^2)$

③ 2つの条件を式にすると，

A×2＋B×5＝9500 ……①

A×3＋B×2＝7100 ……②

Aは2個と3個だから，2と3の最小公倍数の6にそろえると，

①×3 A×6＋B×15＝28500 ……③

②×2 A×6＋B×4＝14200 ……④

③から④をひいて，

B×11＝28500－14200＝14300(円)

よって，B1個の値段(ねだん)は 14300÷11＝1300(円)

①より，A×2＋1300×5＝9500(円) だから，

A1個の値段は (9500－6500)÷2＝1500(円)

●13日目

解答

① **1** ② **36** ③ **3リットル**

解き方

① (13×11－3)÷(11×77－7)＋5÷6

$=(143-3)\div(847-7)+\dfrac{5}{6}$

$=140\div840+\dfrac{5}{6}$

$=\dfrac{1}{6}+\dfrac{5}{6}$

＝1

② 4.8×4－□÷5＝8.4÷0.7

19.2－□÷5＝12

□÷5＝19.2－12

□÷5＝7.2

□＝7.2×5

□＝36

③ 1分間に穴(あな)からもれる水の量を㋣とすると，水そうの容積は，12×10－㋣×10，8×18－㋣×18 の2通りの式で表される。

つまり，18－10＝8(分) の間にも穴から

8×18－12×10＝24(リットル) もれているから，

㊌×8=24　㊌=3(リットル)

●14日目

解答

① $\frac{3}{5}$　② $\frac{4}{35}$　③ 25

解き方

① $1.6\times\left(1.25-\frac{5}{6}\right)\div1\frac{1}{9}$

$=\frac{8}{5}\times\left(\frac{5}{4}-\frac{5}{6}\right)\div\frac{10}{9}$

$=\frac{8}{5}\times\left(\frac{15}{12}-\frac{10}{12}\right)\times\frac{9}{10}$

$=\frac{8}{5}\times\frac{5}{12}\times\frac{9}{10}$

$=\frac{3}{5}$

② $\left(\frac{5}{7}-\square\right)\div\frac{1}{3}-0.8=1$

$\left(\frac{5}{7}-\square\right)\div\frac{1}{3}=1+\frac{4}{5}$

$\left(\frac{5}{7}-\square\right)\div\frac{1}{3}=\frac{9}{5}$

$\frac{5}{7}-\square=\frac{9}{5}\times\frac{1}{3}$

$\frac{5}{7}-\square=\frac{3}{5}$

$\square=\frac{5}{7}-\frac{3}{5}$

$\square=\frac{25}{35}-\frac{21}{35}$

$\square=\frac{4}{35}$

③ 12−11=1 より，12 でわると 11 余る数は，
(12 の倍数)−1
18−17=1 より，18 でわると 17 余る数は，
(18 の倍数)−1
よって，12 でわると 11 余り，18 でわると 17 余る最小の数は，(12 と 18 の最小公倍数)−1 で，
36−1=35
12 でわると 11 余り，18 でわると 17 余る数は，35 に 12 と 18 の最小公倍数である 36 をたしていったものになる。
3 けたで最小のものは 35+36+36=107
次に，107 から 999 までに求める数がいくつあるかを考えると，
999−107=892，892÷36=24 余り 28
よって，107 が条件にあてはまる最小の数で，それに 36 を 24 回たしたもの，つまり
107+36×24=971 が最大の数であるから，全部で 24+1=25(個) ある。

●15日目

解答

① $12\frac{1}{7}$　② 60　③ 2119.5 cm^3

解き方

① 1.2÷0.08−20÷7

$=15-\frac{20}{7}$

$=\frac{105}{7}-\frac{20}{7}$

$=\frac{85}{7}$

$=12\frac{1}{7}$

② 時速 36 km−分速 180 m−秒速 600 cm
=時速 36000 m−分速 180 m−秒速 6 m
=分速 600 m−分速 180 m−分速 360 m
=分速 60 m

③ 底面の円周の長さが 47.1 cm だから，
底面の円の直径は 47.1÷3.14=15(cm)
底面の円の半径は 15÷2=7.5(cm) だから，組み立ててできる円柱の体積は，
7.5×7.5×3.14×12
=675×3.14
=2119.5(cm^3)

●16日目

解答

① 7　② 26°　③ D，E

解き方

① $\left(5\frac{3}{4}-2\frac{3}{5}\right)\times\left(3-\frac{7}{9}\right)$

$=\left(\frac{23}{4}-\frac{13}{5}\right)\times\left(\frac{27}{9}-\frac{7}{9}\right)$

$=\left(\frac{115}{20}-\frac{52}{20}\right)\times\left(\frac{27}{9}-\frac{7}{9}\right)$

$=\frac{63}{20}\times\frac{20}{9}$

$=7$

② 三角形 DBC で，

角 DBC＋角 DCB＝180°－76°＝104°
角 ABC＋角 ACB＝104°－(30°＋22°)＝52°
AB＝AC より，角ABC＝角ACB だから，
㋐＝52°÷2＝26°

③ Bが5勝0敗だから，FはBに負けたことになる。また，CはBとEに負けたので，CはAとDとFに勝った，つまりFはCにも負けたことになる。さらに，AはBとCに負けたので，AはDとEとFに勝った，つまりFはAにも負けたことになる。よって，FはA，B，Cに負けたから，DとEに勝ったことになる。

別解　Bは5勝0敗，EはCに勝ったことから，下の表のようになる。

	A	B	C	D	E	F
A	＼	×				
B	○	＼	○	○	○	○
C		×	＼		×	
D		×		＼		
E		×	○		＼	
F		×				＼

また，Cは3勝2敗，Aも3勝2敗だから，それを表に加えると下のようになる。

	A	B	C	D	E	F
A	＼	×	×	○	○	○
B	○	＼	○	○	○	○
C	○	×	＼	○	×	○
D	×	×	×	＼		
E	×	×	○		＼	
F	×	×	×			＼

さらに，Fは2勝3敗だから，それを表に加えると下のようになる。

	A	B	C	D	E	F
A	＼	×	×	○	○	○
B	○	＼	○	○	○	○
C	○	×	＼	○	×	○
D	×	×	×	＼		×
E	×	×	○		＼	×
F	×	×	×	○	○	＼

よって，FはDとEに勝ったことがわかる。

●17日目

解答

① $3\frac{13}{15}$　② $\frac{2}{3}$　③ $\frac{2}{5}$

解き方

① $3-\frac{3}{5}\div0.75+1\frac{2}{3}$

$=3-\frac{3}{5}\div\frac{3}{4}+\frac{5}{3}$

$=3-\frac{3}{5}\times\frac{4}{3}+\frac{5}{3}$

$=3-\frac{4}{5}+\frac{5}{3}$

$=\frac{11}{5}+\frac{5}{3}$

$=\frac{33}{15}+\frac{25}{15}$

$=\frac{58}{15}$

$=3\frac{13}{15}$

② $9\div\{3+4\div(2+\square)\}=2$

$3+4\div(2+\square)=9\div2$

$3+4\div(2+\square)=\frac{9}{2}$

$4\div(2+\square)=\frac{9}{2}-3$

$4\div(2+\square)=\frac{3}{2}$

$2+\square=4\div\frac{3}{2}$

$2+\square=4\times\frac{2}{3}$

$2+\square=\frac{8}{3}$

$\square=\frac{8}{3}-2$

$\square=\frac{2}{3}$

③ $\frac{1}{3}$ を $\frac{3}{9}$ にすると，この数列は，

$\frac{1}{5}$，$\frac{2}{7}$，$\frac{3}{9}$，$\frac{4}{11}$，$\frac{5}{13}$，□，$\frac{7}{17}$，$\frac{8}{19}$，……となり，規則的に並(なら)んでいることがわかる。
よって，□にあてはまる分数の分母は15で分子は6だから，$\frac{6}{15}$ を約分して，$\frac{2}{5}$

おぼえておこう

分数の数列では約分されて規則が見抜(みぬ)きづらくなっていることがある。そのような場合はもとにもどして考えるとよい。

●18日目

解答

① **1000000**　② **39**　③ **6.25%**

解き方

① $1234\times766+234\times234$

$=(1000+234)\times766+234\times234$

$=1000\times766+234\times766+234\times234$

$=1000\times766+234\times(766+234)$

$=1000\times766+234\times1000$

$=1000\times(766+234)$

$=1000\times1000$

$=1000000$

② $\dfrac{11}{4}=\dfrac{143}{52}$ より，$2\dfrac{\square}{52}=\dfrac{143}{52}$ だから，

$52\times2+\square=143$

$104+\square=143$

$\square=39$

③ 9％の食塩水を100g，16％の食塩水を100g，水を200g混ぜるものとして考える。

9％の食塩水100gにふくまれる食塩の量は，

$100\times0.09=9$(g)

同じように，16％の食塩水100gにふくまれる食塩の量は，$100\times0.16=16$(g)

よって，混ぜた後の食塩水にふくまれる食塩の量は $9+16=25$(g) で，食塩水全体は

$100+100+200=400$(g) だから，混ぜた後の食塩水のこさは，$25\div400\times100=6.25$(%)

おぼえておこう

食塩水のこさ(%)

＝食塩の重さ÷食塩水の重さ×100

食塩の重さ(g)

＝食塩水の重さ×食塩水のこさ÷100

別解　下の図のように，てんびんの左右に混ぜる前の食塩水の重さとこさをかく。食塩水の重さの比は支点からの距離の逆の比になることを利用して，支点にあたる部分の混ぜた後の食塩水のこさを求める。（このような図をてんびん図という）

よって，12.5％の食塩水が200gできる。

さらに，水200gを加えた図は下のようになる。

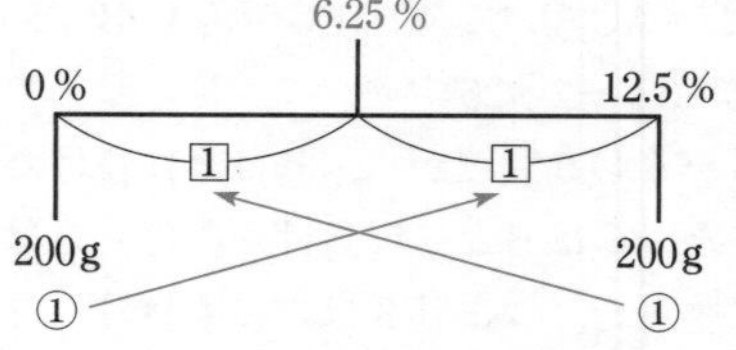

したがって，6.25％の食塩水が400gできる。

●19日目

解答

① **70**　② **12**　③ **15**

解き方

① $\left(3.125+\dfrac{3}{8}\right)\div1.4\times28$

$=\left(3\dfrac{1}{8}+\dfrac{3}{8}\right)\div\dfrac{7}{5}\times28$

$=\dfrac{7}{2}\times\dfrac{5}{7}\times28$

$=70$

おぼえておこう

$0.125=\dfrac{1}{8}$，$0.25=\dfrac{2}{8}=\dfrac{1}{4}$，$0.375=\dfrac{3}{8}$，

$0.5=\dfrac{4}{8}=\dfrac{1}{2}$，$0.625=\dfrac{5}{8}$，$0.75=\dfrac{6}{8}=\dfrac{3}{4}$，

$0.875=\dfrac{7}{8}$

② 1.02 km−543.21 m−476670 mm

＝102000 cm−54321 cm−47667 cm

＝102000 cm−(54321 cm＋47667 cm)

＝102000 cm−101988 cm

＝12 cm

よって，$\square=12$

③ 2 kmを毎分40 mの速さで泳ぐから，

$2000\div40=50$(分) かかる。

また，4 kmを毎秒2 mの速さで走るから，

$4000\div2=2000$(秒)＝33分20秒 かかる。

よって，自転車をこいだ時間は，

1時間55分20秒−50分−33分20秒

＝115分20秒−50分−33分20秒

＝32分

自転車の分速は $8\div32=0.25$(km) だから，

時速は $0.25\times60=15$(km)

●20日目

解答

① $\frac{109}{2000}$　② 360　③ 15

解き方

① $33 \div 16 - 251 \div 125$

$= \frac{33}{16} - \frac{251}{125}$

$= 2\frac{1}{16} - 2\frac{1}{125}$

$= \frac{1}{16} - \frac{1}{125}$

$= \frac{125}{2000} - \frac{16}{2000}$

$= \frac{109}{2000}$

② 右の図のように，三角形の外角を利用すると，
角ア＋角イ＝角カ，
角ウ＋角エ＝角オ となる。
よって，印をつけた角の和は四角形の内角の和と等しいから，360°

おぼえておこう

右の図で，
角A＋角B＝角C

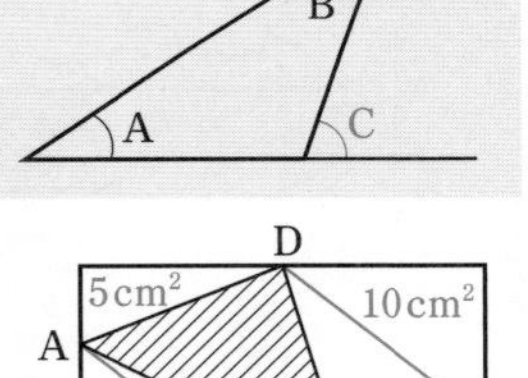

③ 右の図のように補助線（ほじょせん）をひくと，四角形ABCDは長方形から2組の合同な三角形をのぞいた形で，平行四辺形である。

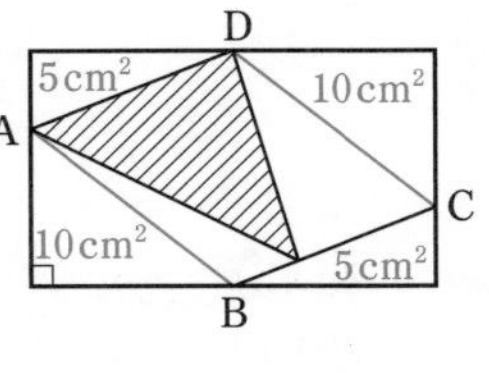

長方形の面積は，$(2+4) \times (5+5) = 60(cm^2)$
ここから4つの三角形の面積をひくと，
$60 - (5+5+10+10) = 30(cm^2)$
これが平行四辺形ABCDの面積であり，斜線部（しゃせん）分の面積はこの半分だから，$30 \div 2 = 15(cm^2)$

●21日目

解答

① $2\frac{9}{20}$　② $\frac{7}{8}$　③ 45

解き方

① $\frac{1}{1} + \frac{1}{2} + \frac{1}{3} + \frac{1}{4} + \frac{1}{5} + \frac{1}{6}$

$= \frac{60+30+20+15+12+10}{60}$

$= \frac{147}{60}$

$= \frac{49}{20}$

$= 2\frac{9}{20}$

② $5\frac{1}{6} + 2\frac{1}{24} \div □ = 7.5$

$\frac{31}{6} + \frac{49}{24} \div □ = \frac{15}{2}$

$\frac{49}{24} \div □ = \frac{15}{2} - \frac{31}{6}$

$\frac{49}{24} \div □ = \frac{45}{6} - \frac{31}{6}$

$\frac{49}{24} \div □ = \frac{7}{3}$

$□ = \frac{49}{24} \div \frac{7}{3}$

$□ = \frac{49}{24} \times \frac{3}{7}$

$□ = \frac{7}{8}$

③ 線分図で考えると，下のようになる。
4つの奇数（きすう）の中でもっとも小さな数を□とする。

□　2　4　6　192

□4つ分は，$192 - (2+4+6) = 180$
よって，$□ = 180 \div 4 = 45$

●22日目

解答

① $1\frac{3}{7}$　② $\frac{3}{4}$　③ $6\frac{6}{7}$

解き方

① $3.5 \div \left(2.7 \times \frac{1}{6} + 2\right)$

$= \frac{7}{2} \div \left(\frac{27}{10} \times \frac{1}{6} + 2\right)$

$=\frac{7}{2}\div\left(\frac{9}{20}+2\right)$

$=\frac{7}{2}\div\frac{49}{20}$

$=\frac{7}{2}\times\frac{20}{49}$

$=\frac{10}{7}$

$=1\frac{3}{7}$

② $5\frac{1}{3}\times\square-5\frac{2}{5}\div3=2\frac{1}{5}$

$\frac{16}{3}\times\square-\frac{27}{5}\times\frac{1}{3}=\frac{11}{5}$

$\frac{16}{3}\times\square-\frac{9}{5}=\frac{11}{5}$

$\frac{16}{3}\times\square=\frac{11}{5}+\frac{9}{5}$

$\frac{16}{3}\times\square=4$

$\square=4\div\frac{16}{3}$

$\square=4\times\frac{3}{16}$

$\square=\frac{3}{4}$

③ □にあてはまる分数を $\frac{B}{A}$ とする。

$\frac{B}{A}\div\frac{16}{21}$，$\frac{B}{A}\div\frac{24}{35}$ が整数になるから，$\frac{B}{A}\times\frac{21}{16}$，$\frac{B}{A}\times\frac{35}{24}$ も整数になる。

このとき，A は 21 と 35 の公約数で，B は 16 と 24 の公倍数でなければならない。

もっとも小さい分数を求めるから，A は 21 と 35 の最大公約数の 7，B は 16 と 24 の最小公倍数の 48 である。

よって，$\frac{B}{A}=\frac{48}{7}=6\frac{6}{7}$

おぼえておこう

$\frac{B}{A}$ にかけても $\frac{D}{C}$ にかけても整数になるもっとも小さい分数を $\frac{Q}{P}$ とすると，

$\frac{Q}{P}=\frac{A\text{と}C\text{の最小公倍数}}{B\text{と}D\text{の最大公約数}}$

●23日目

解答

① 2013 ② 10 ③ 2800

解き方

① $5.35\times201.3+48\times20.13+185\times2.013-402.6$

$=5.35\times201.3+4.8\times201.3+1.85\times201.3-2\times201.3$

$=(5.35+4.8+1.85-2)\times201.3$

$=10\times201.3$

$=2013$

② 時速 60 km＝分速 1 km＝秒速 $\frac{1000}{60}$ m

＝秒速 $\frac{50}{3}$ m だから，

秒速□ m：秒速 $\frac{50}{3}$ m＝3：5

$\square:\frac{50}{3}=3:5$

$\square\times5=\frac{50}{3}\times3$

$\square\times5=50$

$\square=10$

③ 最初の所持金を①，本を買った後の所持金を①（四角），筆記用具を買った後の所持金を①（三角）とすると，下の図のようになる。

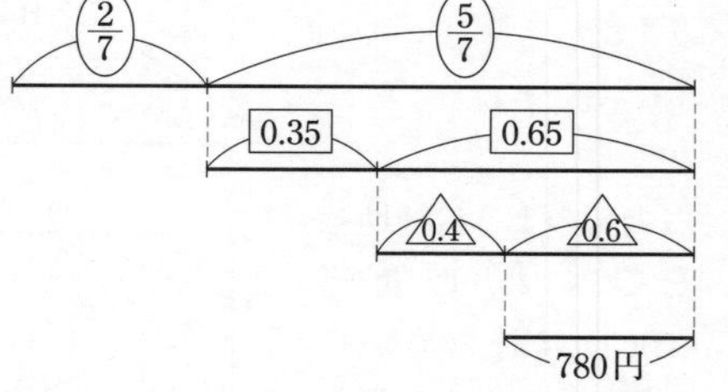

780(円)＝0.6（三角） より，①（三角）＝780÷0.6＝1300(円)

1300(円)＝0.65（四角） より，①（四角）＝1300÷0.65＝2000(円)

2000(円)＝$\frac{5}{7}$（丸） より，

①つまり，最初の所持金は，$2000\div\frac{5}{7}=2800$(円)

●24日目

解答

① $\frac{9}{10}$ ② 46.4 cm ③ 4

解き方

① $\frac{1}{1\times2}+\frac{1}{2\times3}+\frac{1}{3\times4}+\frac{1}{4\times5}+\cdots\cdots+\frac{1}{9\times10}$

$=\left(\frac{1}{1}-\frac{1}{2}\right)+\left(\frac{1}{2}-\frac{1}{3}\right)+\left(\frac{1}{3}-\frac{1}{4}\right)+\left(\frac{1}{4}-\frac{1}{5}\right)$

$+\cdots\cdots+\left(\frac{1}{9}-\frac{1}{10}\right)$

$=\frac{1}{1}-\frac{1}{2}+\frac{1}{2}-\frac{1}{3}+\frac{1}{3}-\frac{1}{4}+\frac{1}{4}-\frac{1}{5}+\cdots\cdots$

$+\frac{1}{9}-\frac{1}{10}$

$=\frac{1}{1}-\frac{1}{10}$

$=\frac{9}{10}$

おぼえておこう

$\frac{1}{3\times4}$ は，$\frac{4-3}{3\times4}=\frac{4}{3\times4}-\frac{3}{3\times4}=\frac{1}{3}-\frac{1}{4}$

のように，変形することができる。

② 右の図のように補助線(ほじょせん)をひく。AB，AC はともに半径 15 cm のおうぎ形の半径だから，三角形 ABC は正三角形であることがわかる。

弧(こ) AB，弧 AC はともに半径 15 cm で中心角 60° のおうぎ形の弧だから，

(斜線(しゃせん)部分の周の長さ)

＝(弧ABの長さ)＋(弧ACの長さ)＋(BCの長さ)

＝(弧ABの長さ)×2＋(BCの長さ)

$=15\times2\times3.14\times\frac{1}{6}\times2+15$

$=10\times3.14+15$

$=46.4$(cm)

③ 1000÷80＝12 余り 40 より，80 円切手の枚数は多くても 12 枚である。12 枚では 30 円切手を組み合わせても 1000 円にすることはできないから，80 円切手を 1 枚減らして 11 枚にすると，

1000－80×11＝120　120÷30＝4 となり，80 円切手 11 枚と 30 円切手 4 枚で 1000 円になる。

80 円切手 3 枚分と 30 円切手 8 枚分は同じ金額だから，80 円切手を 3 枚減らして 30 円切手を 8 枚増やしても，80×8＋30×12＝1000(円) のままである。

さらに，80 円切手 6 枚を 30 円切手 16 枚にかえても合計金額は変わらない。

よって，同じように求めると，

(80円切手の枚数，30円切手の枚数)＝(11，4)，(8，12)，(5，20)，(2，28) の 4 通りある。

●25 日目

解答

① 9　② 111　③ 9.12 cm²

解き方

① 27×33－108÷(90÷35)×21

$=891-108\div\frac{90}{35}\times21$

$=891-108\times\frac{35}{90}\times21$

＝891－882

＝9

② 603×14＋(169－□)×201＝20100

201×3×14＋(169－□)×201＝201×100

3×14＋(169－□)＝100

42＋169－□＝100

211－□＝100

□＝111

③ 正方形の面積は 4×4＝16(cm²)

この正方形をひし形と考えると，

(対角線)×(対角線)÷2＝16 だから，

(対角線)×(対角線)＝32

円の直径は対角線の長さと等しいから，

(直径)×(直径)＝32

(半径)×2×(半径)×2＝32

(半径)×(半径)×4＝32

(半径)×(半径)＝8

よって，斜線部分の面積は，

8×3.14－16＝9.12(cm²)

おぼえておこう

正方形はひし形と考えることができ，その面積は，(対角線)×(対角線)÷2 で求めることができる。

また，円にぴったり入る正方形の対角線は円の直径である。

●26 日目

解答

① 0.5　② 0.05　③ 9 時 24 分

解き方

① $10-\left(1.75\times8-3\div\frac{2}{3}\right)$

$=10-\left(14-3\times\frac{3}{2}\right)$

$=10-(14-4.5)$

$=10-9.5$
$=0.5$

② $10.2\div3.5=2.9$ 余り□
□$=10.2-3.5\times2.9$
□$=10.2-10.15$
□$=0.05$

③ 兄が忘れ物に気づいた時刻は,
3000÷150=20(分) より，9 時 20 分
弟は 9 時 12 分に家を出発しているから，9 時 20 分のとき，200×8=1600(m) 進んでいる。
よって，3000−1600=1400(m) の道のりを兄と弟が向かい合って進むから，
1400÷(200+150)=4(分) より，2 人は 9 時 20 分から 4 分後に出会う。
したがって，2 人が出会ったのは 9 時 24 分

おぼえておこう
離れた 2 つの場所から，2 人が同時に向かい合って進むとき，2 人が出会うまでの時間は,
（2 人の間の距離）÷（2 人の速さの和）
で求めることができる。

●27 日目

解答
① **0.77** ② **2.4** ③ **10%**

解き方

① $0.1\times(3.12+7.98-5.6)\div\frac{5}{7}$
$=0.1\times(11.1-5.6)\times\frac{7}{5}$
$=0.1\times5.5\times\frac{7}{5}$
$=0.1\times1.1\times7$
$=0.1\times7.7$
$=0.77$

② $0.05\,km^2-330\,a+7000\,m^2$
$=5\,ha-3.3\,ha+0.7\,ha$
$=2.4\,ha$
よって，□$=2.4$

③ 原価は 100÷0.04=2500(円)
定価は 2500×(1+0.2)=3000(円)
100 円の利益があったから，売り値は
2500+100=2600(円)
100 円引きする前は 2600+100=2700(円) だから，定価からの割引金額は 3000−2700=300(円) であることがわかる。
よって，300÷3000×100=10(%)

おぼえておこう
定価=原価×(1+利益率)
利益=売り値−原価

●28 日目

解答
① $\mathbf{\frac{21}{32}}$ ② **6 cm²** ③ **300 g**

解き方

① $1-\frac{1}{2}+\frac{1}{4}-\frac{1}{8}+\frac{1}{16}-\frac{1}{32}$
$=\frac{32-16+8-4+2-1}{32}$
$=\frac{21}{32}$

② 右の図で，㋐と㋑の面積の差は ㋐+㋒ と ㋑+㋒ の面積の差に等しい。

2cm
6cm

(㋐+㋒ の面積)
$=2\times6=12(cm^2)$
(㋑+㋒ の面積)
$=2\times6\div2=6(cm^2)$
よって，$12-6=6(cm^2)$

③ 13 %の食塩水を□ g として，てんびん図を用いると下の図のようになる。

11 %
8 %　13 %
③　②
200g　□g
2　3

200g : □ g=2 : 3
200 : □=2 : 3
□×2=200×3
□×2=600
□=300
よって，13%の食塩水を 300 g 加えればよい。

●29日目

解答

① **0.7**　② **6**　③ **60**

解き方

① $3.2-2.2\times0.5\div(1.2-0.76)$

$=3.2-1.1\div0.44$

$=3.2-2.5$

$=0.7$

② $1\frac{3}{7}:8\frac{1}{3}=\square:35$

$\frac{10}{7}:\frac{25}{3}=\square:35$

$\frac{25}{3}\times\square=\frac{10}{7}\times35$

$\frac{25}{3}\times\square=50$

$\square=50\div\frac{25}{3}$

$\square=50\times\frac{3}{25}$

$\square=6$

③ 100個全部を定価で売ったと考えると，
利益は　1800＋20×30＝2400(円)
この2400円が100個の仕入れ値(ね)の4割(わり)にあたるから，仕入れ値は　2400÷0.4＝6000(円)
よって，1個の仕入れ値は　6000÷100＝60(円)

●30日目

解答

① **5**　② $\mathbf{\frac{5}{6}}$　③ **235.5**

解き方

① $126\div72+(16-3)\div4$

$=\frac{126}{72}+\frac{13}{4}$

$=\frac{7}{4}+\frac{13}{4}$

$=\frac{20}{4}$

$=5$

② $\left(\frac{6}{7}-\square\right)\div\frac{2}{35}=\frac{5}{12}$

$\frac{6}{7}-\square=\frac{5}{12}\times\frac{2}{35}$

$\frac{6}{7}-\square=\frac{1}{42}$

$\square=\frac{6}{7}-\frac{1}{42}$

$\square=\frac{36}{42}-\frac{1}{42}$

$\square=\frac{35}{42}$

$\square=\frac{5}{6}$

③ 右の図のように，長方形の対角線をそれぞれひく。斜線(しゃせん)部分の面積は，
(三角形OAB)＋(三角形OFE)＋(おうぎ形OBE)－(長方形OABC)

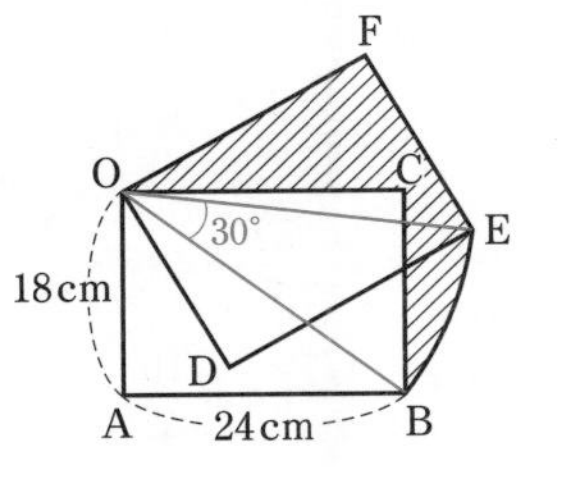

ここで，
(三角形OAB)＋(三角形OFE)＝(長方形OABC)
より，斜線部分の面積は，おうぎ形OBEの面積と等しいことがわかる。

よって，$30\times30\times3.14\times\frac{30}{360}$

$=75\times3.14$

$=235.5(\text{cm}^2)$

パート 2

●31日目

解答

❶ 7 ❷ 2.5，1.95 ❸ 8，9

解き方

❶ $9-8\div7\times6.5+4+3\div2.1$

$=9-\frac{8}{7}\times\frac{65}{10}+4+\frac{30}{21}$

$=9-\frac{52}{7}+4+\frac{10}{7}$

$=\frac{11}{7}+4+\frac{10}{7}$

$=3+4$

$=7$

❷
```
          2.5
 2 1.7.)5 6.2.0
        4 3 4
        1 2 8 0
        1 0 8 5
          1.9 5
```

❸ 同じ道のりをA君が9歩で進み，B君は10歩で進むから，1歩の長さ(歩幅)の比は 10：9
また，同じ時間でA君は4歩進み，B君は5歩進むから，A君とB君の足を進める速さ(歩数)の比は4：5
(進んだ道のり)＝(歩幅)×(歩数) で，速さの比は同じ時間に進んだ道のりの比に等しいから，A君とB君の速さの比は，(10×4)：(9×5)＝8：9

●32日目

解答

❶ $\frac{6}{25}$ ❷ 75.36 ❸ 85

解き方

❶ $\left\{(1.9+5)\times\frac{2}{5}-\frac{3}{5}\right\}\div9$

$=\left(\frac{69}{10}\times\frac{2}{5}-\frac{3}{5}\right)\times\frac{1}{9}$

$=\left(\frac{69}{25}-\frac{15}{25}\right)\times\frac{1}{9}$

$=\frac{54}{25}\times\frac{1}{9}$

$=\frac{6}{25}$

❷ 右の図のような立体になる。

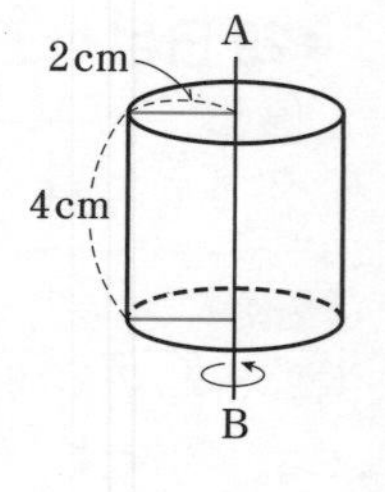

(底面積)×2
＝2×2×3.14×2
＝8×3.14(cm^2)
(側面積)
＝2×2×3.14×4
＝16×3.14(cm^2)
よって，表面積は，
8×3.14＋16×3.14
＝(8＋16)×3.14
＝24×3.14
＝75.36(cm^2)

おぼえておこう

円周率を用いて体積や表面積を求める場合は，できるだけ3.14でまとめて，最後に計算したほうがよい。

❸ 4個の数を小さいほうから，A，B，C，Dとすると，
A＋B＋C＝180 ……①
A＋B＋D＝194 ……②
A＋C＋D＝206 ……③
B＋C＋D＝215 ……④
①と②から，DはCより14大きいことがわかる。
また，②と③から，CはBより12大きいことがわかる。
BとC，CとDの差と④から，線分図は下のようになる。

B├────┤
C├────┼12┤
D├────┼12┼14┤ }215

215－(12＋12＋14)＝177 より，
B＝177÷3＝59，C＝59＋12＝71，
D＝71＋14＝85

別解 ①から④までで A，B，C，D はそれぞれ3個ずつあるから，①から④をすべてたしあわせる。
A×3＋B×3＋C×3＋D×3＝180＋194＋206＋215
(A＋B＋C＋D)×3＝795
A＋B＋C＋D＝265
①より，A＋B＋C＝180 だから，
D＝265－180＝85

●33日目

解答

❶ $1\frac{17}{18}$　❷ 4　❸ 8時12分

解き方

❶ $2\frac{1}{2}\div3+\left(\frac{1}{6}+\frac{2}{3}\right)\div0.75$

$=\frac{5}{2}\times\frac{1}{3}+\left(\frac{1}{6}+\frac{4}{6}\right)\div\frac{3}{4}$

$=\frac{5}{6}+\frac{5}{6}\times\frac{4}{3}$

$=\frac{5}{6}\times\left(1+\frac{4}{3}\right)$

$=\frac{5}{6}\times\frac{7}{3}$

$=\frac{35}{18}$

$=1\frac{17}{18}$

❷ $12\div\{12\div6\div3-3\div(\square+5)\}=36$

$12\div6\div3-3\div(\square+5)=12\div36$

$\frac{2}{3}-3\div(\square+5)=\frac{1}{3}$

$3\div(\square+5)=\frac{2}{3}-\frac{1}{3}$

$3\div(\square+5)=\frac{1}{3}$

$\square+5=3\div\frac{1}{3}$

$\square+5=9$

$\square=4$

❸ O君は7時16分に出発して10分$\left(=\frac{1}{6}\text{時間}\right)$後に自転車が故障(こしょう)するから，7時26分のときA地点から $15\times\frac{1}{6}=2.5$(km) の地点にいて，7時36分までそこにいる。

7時36分のとき，K君は15分$\left(=\frac{1}{4}\text{時間}\right)$歩いているから，A地点から $4\times\frac{1}{4}=1$(km) の地点にいる。

7時36分のとき，O君はK君より $2.5-1=1.5$(km) 進んだ地点にいて，2人の速さの差は時速 $4-1.5=2.5$(km) だから，K君はO君に

$1.5\div2.5=\frac{3}{5}$(時間)$=36$(分) で追いつく。

よって，K君がO君に追いつくのは，

7時36分＋36分＝8時12分

おぼえておこう

速さがちがう2人が同じ方向に進むとき，片方の人がもう片方の人に追いつくまでの時間は，

(2人の間の距離(きょり))÷(2人の速さの差)

で求めることができる。

●34日目

解答

❶ $5\frac{1}{3}$　❷ 7　❸ 20分20秒後

解き方

❶ $(10\div3)\times(9\div5)\times(8\div7)\times(7\div9)$

$=\frac{10}{3}\times\frac{9}{5}\times\frac{8}{7}\times\frac{7}{9}$

$=\frac{10\times8}{3\times5}$

$=\frac{16}{3}$

$=5\frac{1}{3}$

❷ $1\div\left(1+\frac{2}{3+\square}\right)=\frac{5}{6}$

$1+\frac{2}{3+\square}=1\div\frac{5}{6}$

$1+\frac{2}{3+\square}=\frac{6}{5}$

$\frac{2}{3+\square}=\frac{1}{5}$

$\frac{2}{3+\square}=\frac{2}{10}$

$3+\square=10$

$\square=7$

❸ 水を入れはじめてから5分後に17 cm，11分後に26 cmになるから，6分間で $26-17=9$(cm) だけ高さが上がっている。

よって，1分間で，$9\div6=1.5$(cm) ずつ高さが上がることがわかる。

11分後のとき，残りは $40-26=14$(cm) だから，水そうがいっぱいになるまで，あと

$14\div1.5=\frac{28}{3}=9\frac{1}{3}$(分)＝9分20秒 かかる。

よって，11分＋9分20秒＝20分20秒(後)

●35日目

解答

❶ 2 ❷ 0 ❸ $\frac{7}{8}$ 倍

解き方

❶ $2\frac{3}{7}-(1-0.55)\times\frac{20}{21}$

$=2\frac{3}{7}-\frac{45}{100}\times\frac{20}{21}$

$=2\frac{3}{7}-\frac{3}{7}$

$=2$

❷ $257\times12-25.7\times60-2570\times0.6$

$=257\times12-257\times6-257\times6$

$=257\times(12-6-6)$

$=257\times0$

$=0$

❸ もとの円すいと切り取られた円すいは相似(そうじ)で，高さの比が 2：1 だから，相似比は 2：1
体積の比は (2×2×2)：(1×1×1)=⑧：① だから，切り取られてできた立体(円すい台という)の体積は ⑧−①=⑦ にあたる。
よって，円すい台の体積はもとの円すいの $\frac{7}{8}$ 倍

おぼえておこう

2つの相似な立体で相似比が $a:b$ のとき，
表面積の比は，$(a\times a):(b\times b)$
体積の比は，$(a\times a\times a):(b\times b\times b)$

●36日目

解答

❶ $\frac{1}{6}$ ❷ $2\frac{7}{10}$ ❸ 303

解き方

❶ $\left(2.25\div3+1\frac{7}{8}\times2\right)\div27$

$=\left(\frac{9}{4}\times\frac{1}{3}+\frac{15}{8}\times2\right)\times\frac{1}{27}$

$=\left(\frac{3}{4}+\frac{15}{4}\right)\times\frac{1}{27}$

$=\frac{9}{2}\times\frac{1}{27}$

$=\frac{1}{6}$

❷ 三角形 ABE と三角形 ABC の高さは等しく，底辺の BE と BC の長さの比は 3：5 だから，
(三角形 ABE の面積)

$=$(三角形 ABC の面積)$\times\frac{3}{5}=6\times\frac{3}{5}=\frac{18}{5}$ (cm^2)

同じように，三角形 ADE と三角形 ABE の高さは等しく，底辺の AD と AB の長さの比は 3：4 だから，
(三角形 ADE の面積)

$=$(三角形 ABE の面積)$\times\frac{3}{4}$

$=\frac{18}{5}\times\frac{3}{4}=\frac{27}{10}=2\frac{7}{10}$ (cm^2)

おぼえておこう

右の図で，高さが等しい三角形 ABD と三角形 ACD の面積の比は，底辺である BD と CD の長さの比に等しい。

❸ $\frac{23}{148}$ を小数にすると，
23÷148=0.155405405…… より，小数第 3 位から 5，4，0 のくり返しになっていることがわかる。
小数第 3 位から小数第 100 位までには
100−3+1=98(個) の数が並(なら)んでいて，
98÷3=32 余り 2 より，5，4，0 の並びは 32 回あって，残り 2 個は 5，4 となる。
よって，小数第 1 位から小数第 100 位までの各位の数の和は，
1+5+(5+4+0)×32+5+4=303

●37日目

解答

❶ 73 ❷ 1 ❸ 6

解き方

❶ $9.2\times3.6+6.4\times3.5-3.6\times1.9+3.8\times6.4$

$=9.2\times3.6-3.6\times1.9+6.4\times3.5+3.8\times6.4$

$=(9.2-1.9)\times3.6+(3.5+3.8)\times6.4$

$=7.3\times3.6+7.3\times6.4$

$=7.3\times(3.6+6.4)$

$=7.3\times10$

$=73$

❷ $0.8:\frac{5}{6}=\left(\square+\frac{1}{5}\right):1.25$

$\frac{5}{6}\times\left(\square+\frac{1}{5}\right)=0.8\times1.25$

$\frac{5}{6}\times\left(\square+\frac{1}{5}\right)=1$

$\square+\frac{1}{5}=1\div\frac{5}{6}$

$\square=\frac{6}{5}-\frac{1}{5}$

$\square=1$

❸ 6の倍数は2の倍数(偶数)であり3の倍数でもあるから，まずは3の倍数になる3つのカードの組み合わせを選ぶ。

3の倍数はそれぞれの位の数字の和が3の倍数だから，(1, 2, 3)と(2, 3, 4)の2通りがある。

(1, 2, 3)を並べかえてできる偶数は，132，312の2個あり，(2, 3, 4)を並べかえてできる偶数は，234，324，342，432の4個ある。

よって，全部で 2+4=6(個)

●38日目

解答

❶ $2\frac{7}{27}$　❷ 13　❸ 時速 77 km

解き方

❶ $3-\frac{5}{6}\div\left(0.75\div\frac{2}{3}\right)$

$=3-\frac{5}{6}\div\left(\frac{3}{4}\times\frac{3}{2}\right)$

$=3-\frac{5}{6}\div\frac{9}{8}$

$=3-\frac{20}{27}$

$=2\frac{7}{27}$

❷ $\frac{12}{\square}\times\frac{182}{165}\div1\frac{3}{165}=1$

$\frac{12}{\square}\times\frac{182}{165}\times\frac{165}{168}=1$

$\frac{12}{\square}\times\frac{182}{168}=1$

$\frac{12}{\square}=1\div\frac{182}{168}$

$\frac{12}{\square}=\frac{168}{182}$

$\frac{12}{\square}=\frac{12}{13}$

$\square=13$

❸ 進んだ距離を図で表すと，下のようになる。

電車が1秒で進む距離は，時速14 kmで8秒間走った距離と時速5 kmで7秒間歩いた距離との差を表すから，

$14\times\frac{8}{3600}-5\times\frac{7}{3600}$

$=(14\times8-5\times7)\times\frac{1}{3600}$

$=\frac{77}{3600}$(km)

これが電車の秒速にあたるから，時速は

$\frac{77}{3600}\times3600=77$(km)

●39日目

解答

❶ 9　❷ 125 m²　❸ 4550

解き方

❶ $\frac{3}{4}\div\frac{1}{2}+\frac{15}{16}\div\frac{5}{8}+\frac{27}{28}\div\frac{9}{14}+\frac{39}{40}\div\frac{13}{20}+\frac{51}{52}\div\frac{17}{26}+\frac{63}{64}\div\frac{21}{32}$

$=\frac{3}{4}\times\frac{2}{1}+\frac{15}{16}\times\frac{8}{5}+\frac{27}{28}\times\frac{14}{9}+\frac{39}{40}\times\frac{20}{13}+\frac{51}{52}\times\frac{26}{17}+\frac{63}{64}\times\frac{32}{21}$

$=\frac{3}{2}+\frac{3}{2}+\frac{3}{2}+\frac{3}{2}+\frac{3}{2}+\frac{3}{2}$

$=\frac{3}{2}\times6$

$=9$

❷ 20 cm² の土地を縦2 cm，横10 cmの長方形と考える。

このとき，実際の土地の縦の長さは，

2×250=500(cm)=5(m)

同じように，横の長さは，

10×250=2500(cm)=25(m)

よって，実際の土地の面積は，
$5\times25=125(m^2)$

別解 縮尺が $\frac{1}{250}$ だから，実際の面積は縮図の (250×250) 倍である。
よって，実際の面積は，
$20\times250\times250=1250000(cm^2)=125(m^2)$

❸ 2人の持っているお金の合計は，やりとりする前と後で変わらないから，それぞれの比の和である11と13の最小公倍数にそろえる。
兄と弟の持っているお金の金額の比は，

前　7：4＝7×13：4×13＝91：52　和 143
後　8：5＝8×11：5×11＝88：55　143

兄が弟にあげた150円が 91−88＝3 にあたるから，兄は最初に 150÷3×91＝4550(円) 持っていた。

●40日目

解答
❶ 10　❷ 9 cm^2　❸ ア 11，イ 30

解き方

❶ $20.12\div\frac{1}{3}\div\frac{1}{4}-2.012\times20-191.2$
$=20.12\times3\times4-20.12\times2-191.2$
$=20.12\times(12-2)-191.2$
$=20.12\times10-191.2$
$=201.2-191.2$
$=10$

❷ 右の図のように，点Gを通るADに平行な直線EFをひくと，三角形AGDは平行四辺形AEFDの面積の半分で，三角形BCGは平行四辺形BCFEの面積の半分であることがわかる。

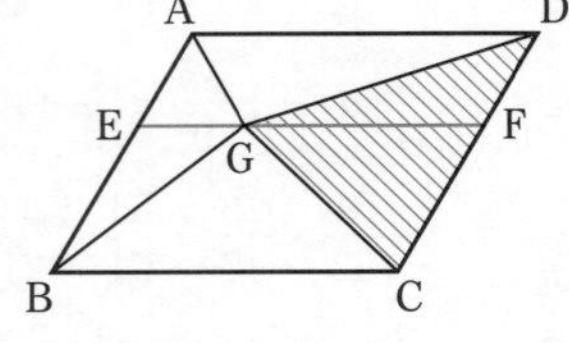

つまり，三角形AGDと三角形BGCの面積の和は平行四辺形ABCDの面積の半分であり，
$5+8=13(cm^2)$
また，三角形ABGと三角形CDGの面積の和も平行四辺形ABCDの面積の半分となり，13 cm^2 である。
よって，斜線部分の面積は，
$13-4=9(cm^2)$

おぼえておこう
右の図のように，平行四辺形(長方形，正方形，ひし形もふくむ)の内部のどこかに点をとって4つの頂点と結ぶと，
㋐＋㋑＝㋒＋㋓(＝平行四辺形の面積の半分)
となる。

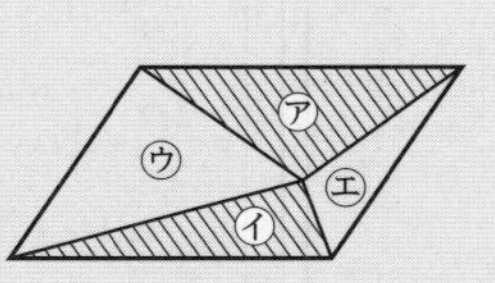

❸ 平行四辺形ABCDの面積を1とすると，三角形BCDの面積は $\frac{1}{2}$

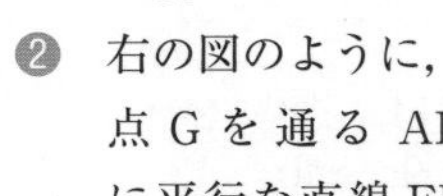

BE：EC＝②：① より，
三角形BEDの面積は三角形BCDの面積の $\frac{2}{3}$ だから，三角形BEDの面積は $\frac{1}{2}\times\frac{2}{3}=\frac{1}{3}$
また，三角形BEFと三角形DAFは相似であり，相似比は，EB：AD＝②：③
よって，BF：BD＝②：⑤ より，三角形BEFの面積は三角形BEDの面積の $\frac{2}{5}$ だから，三角形BEFの面積は $\frac{1}{3}\times\frac{2}{5}=\frac{2}{15}$
したがって，(四角形FECDの面積)
＝(三角形BCDの面積)−(三角形BEFの面積)
$=\frac{1}{2}-\frac{2}{15}=\frac{11}{30}$ だから，
四角形FECDの面積と平行四辺形ABCDの面積の比は，$\frac{11}{30}$：1＝11：30

●41日目

解答
❶ 7777777　❷ 1.6　❸ 18才

解き方

❶ $123456\times63+7\times7$
$=7777728+49$
$=7777777$

別解 $123456\times63+7\times7$
$=123456\times9\times7+7\times7$
$=7\times(123456\times9+7)$
$=7\times\{123456\times(10-1)+7\}$

$=7\times(1234560-123456+7)$
$=7\times(1234567-123456)$
$=7\times1111111$
$=7777777$

❷ $(2.8-\square)\times\frac{5}{8}+0.25=1$

$(2.8-\square)\times\frac{5}{8}=0.75$

$2.8-\square=0.75\div\frac{5}{8}$

$2.8-\square=0.15\times8$

$2.8-\square=1.2$

$\square=1.6$

❸ 今から3年前，Aさんの年令の3倍が妹の年令のちょうど5倍だったから，そのときのAさんの年令と妹の年令の比は 5：3
同じように，今から6年後のAさんの年令と妹の年令の比は 4：3
3年前と6年後とで2人の年令の差は変わらないから，それぞれの比の差である2と1の最小公倍数にそろえる。
Aさんの年令と妹の年令の比は，

		差
3年前	5：3	2
6年後	4：3=(4×2)：(3×2)=8：6	2

3年前と6年後の差である9年が 8−5=3 にあたるから，3年前のAさんの年令は，
9÷3×5=15(才)
よって，今の年令は 15+3=18(才)

●42日目

解答

❶ **0.063114**　❷ **1.6**　❸ **(3時)40分**

解き方

❶ $0.918\times0.023+0.504\div12$
$=0.021114+0.042$
$=0.063114$

❷ $(6.16\div\square-0.35)\times2.46=8.61$
$6.16\div\square-0.35=8.61\div2.46$
$6.16\div\square-0.35=3.5$
$6.16\div\square=3.5+0.35$
$6.16\div\square=3.85$
$\square=6.16\div3.85$
$\square=1.6$

❸ 3時ちょうどのとき，短針(たんしん)は長針より90°先に進んでいるから，下の図のように，長針が短針に追いついて，さらに130°先に進めばよい。

長針は1分間に 360°÷60=6° ずつ進み，短針は1分間に 30°÷60=0.5° ずつ進むから，1分間で長針は短針に 6°−0.5°=5.5° ずつ追いついたり，先に進んだりする。
よって，3時ちょうどから，
(90+130)÷5.5=40(分後) にはじめて130°になる。

おぼえておこう
長針は1分間に6°，短針は1分間に0.5°進む。

●43日目

解答

❶ $\frac{9}{10}$　❷ **0.25**　❸ **36**

解き方

❶ $\frac{41}{15}-\frac{4}{9}\div\left(1\frac{1}{2}\times\frac{2}{9}-\frac{1}{11}\right)$

$=\frac{41}{15}-\frac{4}{9}\div\left(\frac{1}{3}-\frac{1}{11}\right)$

$=\frac{41}{15}-\frac{4}{9}\div\frac{8}{33}$

$=\frac{41}{15}-\frac{11}{6}$

$=\frac{27}{30}$

$=\frac{9}{10}$

❷ $(2.5-\square)\times1\frac{2}{3}+1=4\frac{3}{4}$

$(2.5-\square)\times\frac{5}{3}=\frac{19}{4}-1$

$(2.5-\square)\times\frac{5}{3}=\frac{15}{4}$

$2.5-\square=\frac{15}{4}\div\frac{5}{3}$

$2.5-\square=\frac{9}{4}$

$2.5-\square=2.25$

$\square=0.25$

❸ 3種類のお菓子を最低1個ずつ買うから，残り7個の個数の組み合わせを考えると，(7, 0, 0), (6, 1, 0), (5, 2, 0), (5, 1, 1), (4, 3, 0), (4, 2, 1), (3, 3, 1), (3, 2, 2) の8通りある。
(7, 0, 0) の場合，あめを7個(他は0個)，ガムを7個(他は0個)，チョコレートを7個(他は0個)のように (7, 0, 0), (0, 7, 0), (0, 0, 7) の3通りの場合がある。
他の組み合わせも同じように求めると，(5, 1, 1), (3, 3, 1), (3, 2, 2) はそれぞれ3通りずつで，(6, 1, 0), (5, 2, 0), (4, 3, 0), (4, 2, 1) は 3×2×1=6 より，それぞれ6通りずつある。
よって，4×3+4×6=36(通り)

おぼえておこう
(A, A, B) の並べ方を考えるとき，
(□, □, □) のどの位置にBが入るかだけを考えればよいから，3通りある。
(A, B, C) の並べ方を考えるとき，
(1, 2, 3) の1にA, B, Cの3通り，次の2に残りの2通り，最後の3に残りの1通りが入るから，3×2×1=6(通り) ある。

●44日目

解答

❶ $\frac{2}{21}$　❷ 4 cm　❸ 9

解き方

❶ $\left(\frac{13}{21}-\frac{3}{28}\times\frac{4}{5}\right)\times\left(\frac{7}{20}-\frac{2}{15}\times\frac{9}{7}\right)$

$=\left(\frac{13}{21}-\frac{3}{35}\right)\times\left(\frac{7}{20}-\frac{6}{35}\right)$

$=\left(\frac{65}{105}-\frac{9}{105}\right)\times\left(\frac{49}{140}-\frac{24}{140}\right)$

$=\frac{56}{105}\times\frac{25}{140}$

$=\frac{2}{21}$

❷ (図1)

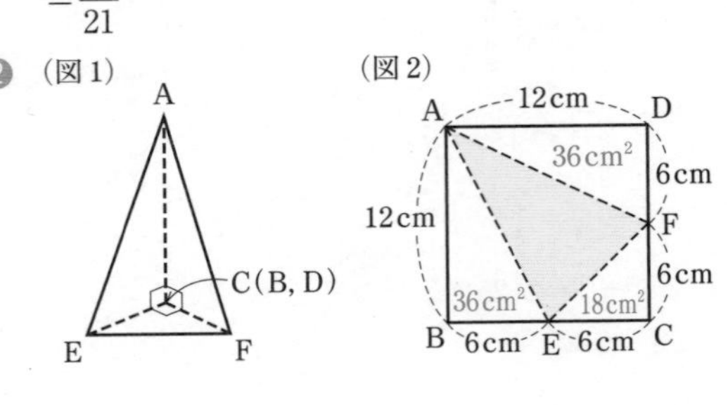

(図2)

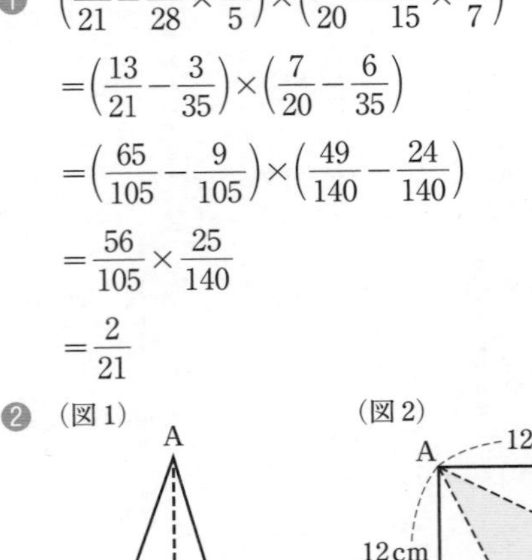
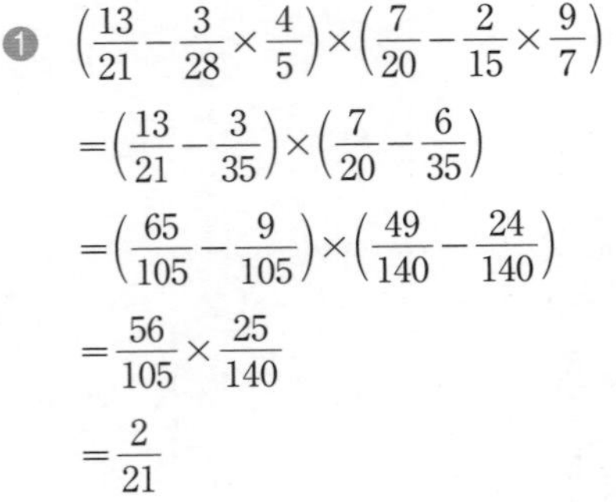

正方形ABCDを折ってできる三角すいは，CとBとDがくっついて三角形CEFを底面とする図1のような立体になる。
このとき，三角すいの高さはAB(またはAD)だから，12 cm
底面積は図2より $18\ cm^2$ だから，体積は
$18\times12\div3=72(cm^3)$
次に，三角形AEFを底面と考えると，底面積は
図2より，$12\times12-(36\times2+18)=54(cm^2)$
このとき，54×(高さ)÷3=72 となるから，
(高さ)=72×3÷54=4(cm)

❸ ある整数を□，余りを○とすると，
41=□×A+○ ……①
50=□×B+○ ……②
86=□×C+○ ……③　と表すことができる。
②から①をひくと，
9=□×B−□×A　9=□×(B−A) より，
差の9は□でわり切れる。
同じように，③から②をひくと，
36=□×C−□×B　36=□×(C−B) より，
差の36は□でわり切れる。
また，③から①をひくと，
45=□×C−□×A　45=□×(C−A) より，
差の45は□でわり切れる。
よって，9も36も45も□の倍数であることがわかるから，□は9と36と45の公約数であり，その中でもっとも大きいもの，つまり最大公約数を求めればよい。
したがって，求める数は9

●45日目

解答

❶ $1\frac{5}{6}$　❷ 1　❸ ②，⑦，⑧

解き方

❶ $2\frac{2}{5}-\left\{1\frac{3}{5}+\left(\frac{2}{3}-\frac{4}{15}\right)\times0.25\right\}\div3$

$=\frac{12}{5}-\left(\frac{8}{5}+\frac{2}{5}\times\frac{1}{4}\right)\times\frac{1}{3}$

$=\frac{12}{5}-\left(\frac{8}{5}+\frac{1}{10}\right)\times\frac{1}{3}$

$=\frac{12}{5}-\frac{17}{10}\times\frac{1}{3}$

$=\frac{12}{5}-\frac{17}{30}$

$=\dfrac{55}{30}$

$=1\dfrac{5}{6}$

❷ $0.5\times\dfrac{2}{5}-(6\times0.3-\square)\div4=0$

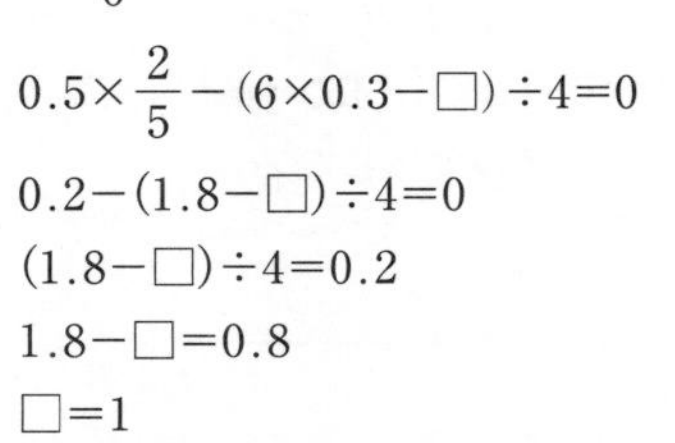

$0.2-(1.8-\square)\div4=0$

$(1.8-\square)\div4=0.2$

$1.8-\square=0.8$

$\square=1$

❸ ②直角三角形，⑦七角形，⑧八角形は切断面として現れない。

おぼえておこう

主な立方体の切断面として，次のようなものがある。

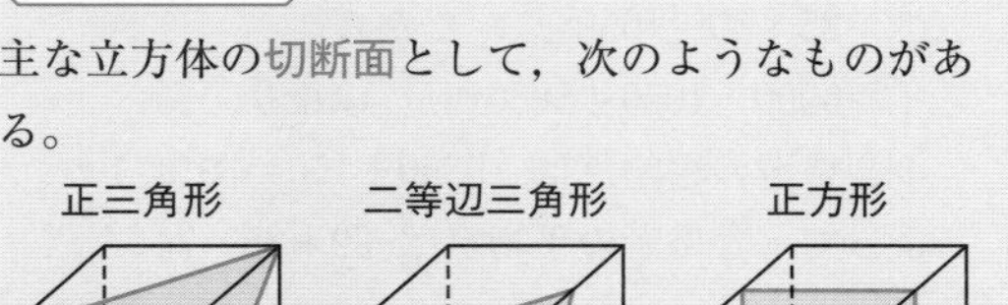

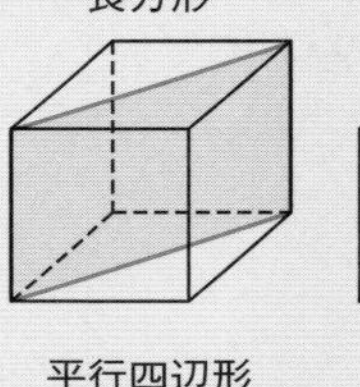
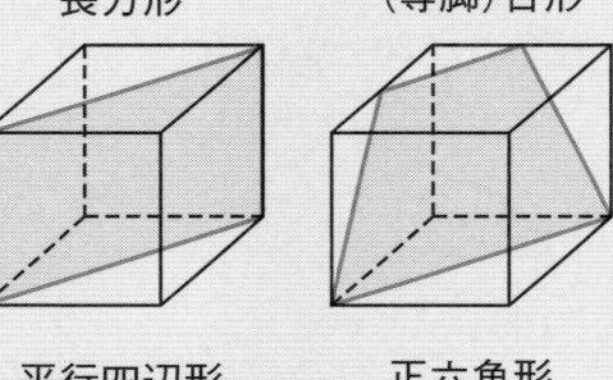
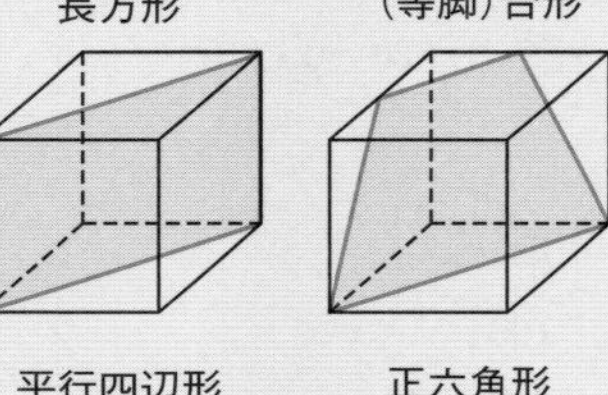
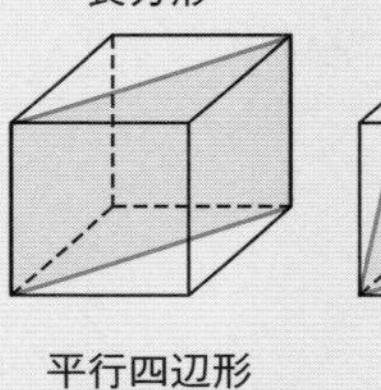
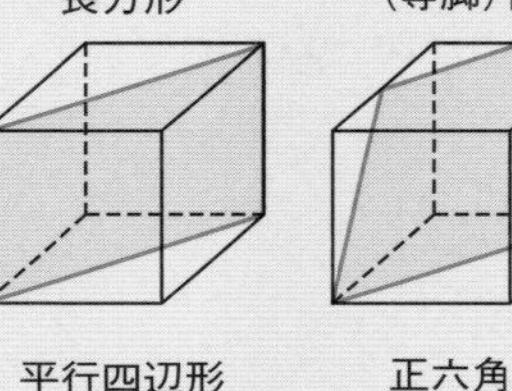
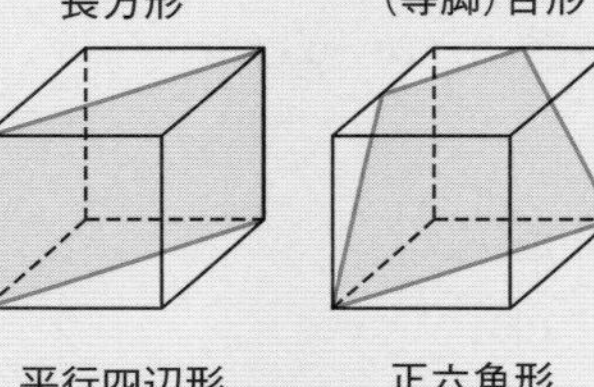
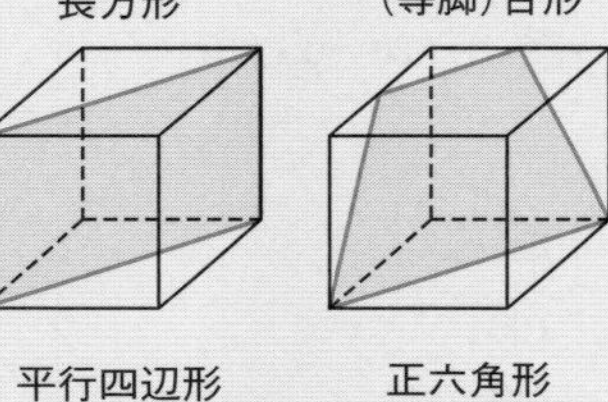
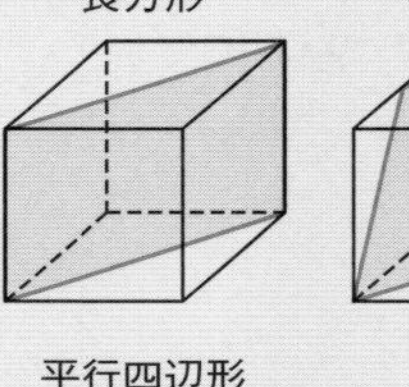
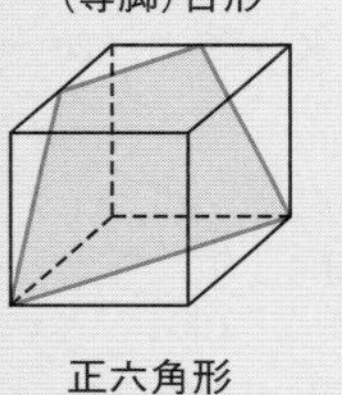
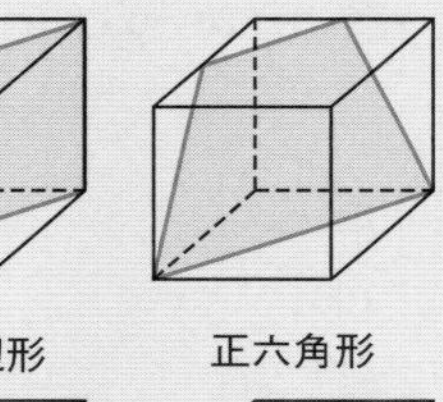
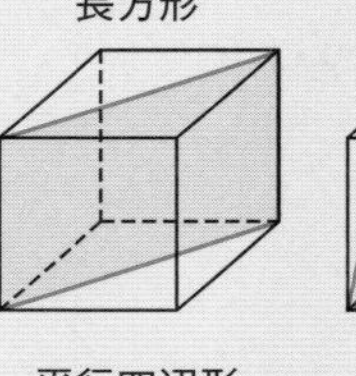
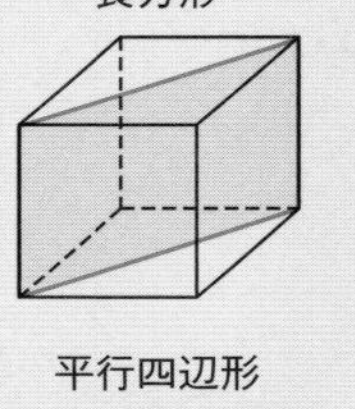
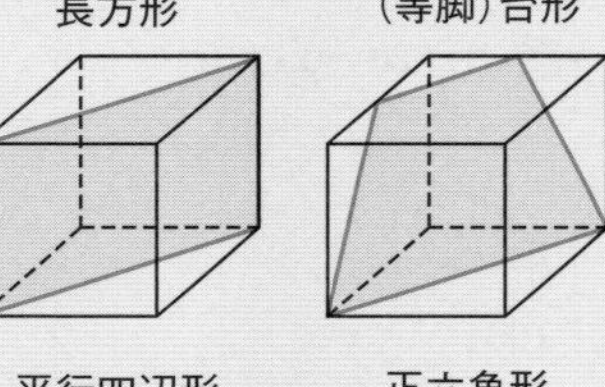
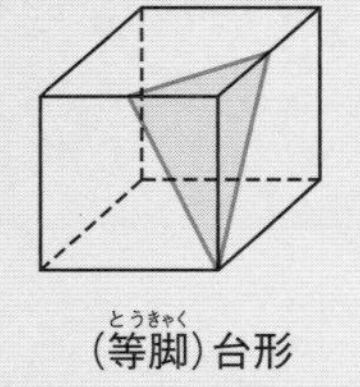
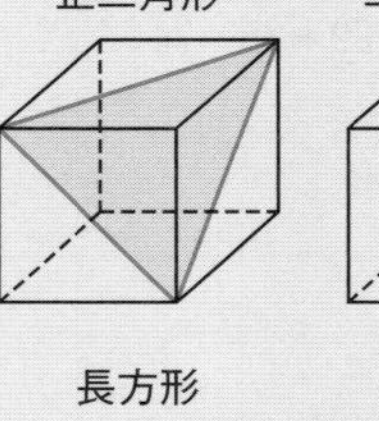
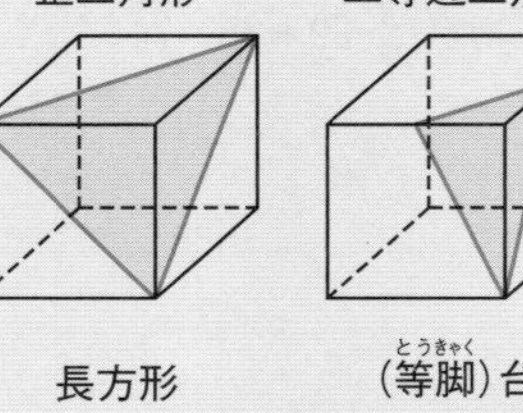
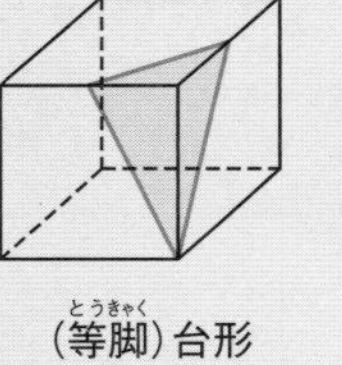
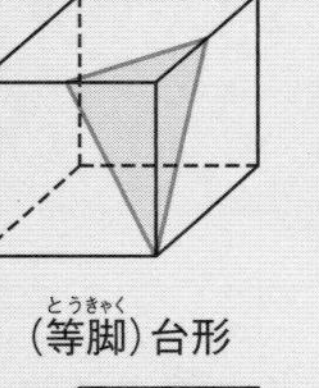

台形のうち，平行でない辺の長さが等しいものを等脚台形という。

●46日目

解答

❶ $\dfrac{7}{10}$　❷ 3.135 以上 3.145 未満　❸ 3000 円

解き方

❶ $\left(1\dfrac{5}{8}-\dfrac{8}{15}\times0.75\right)\div\left(4\dfrac{1}{2}\div2\dfrac{4}{7}\right)$

$=\left(\dfrac{13}{8}-\dfrac{8}{15}\times\dfrac{3}{4}\right)\div\left(\dfrac{9}{2}\times\dfrac{7}{18}\right)$

$=\left(\dfrac{13}{8}-\dfrac{2}{5}\right)\div\dfrac{7}{4}$

$=\left(\dfrac{65}{40}-\dfrac{16}{40}\right)\times\dfrac{4}{7}$

$=\dfrac{49}{40}\times\dfrac{4}{7}$

$=\dfrac{7}{10}$

❷ 四捨五入（ししゃごにゅう）して 3.14 になる数は，3.135 以上 3.145 未満である。

❸ 2 人の所持金の差は，800 円を使う前と後で変わらないから，それぞれの比の差である 1 と 5 の最小公倍数にそろえる。

A 君と B 君の所持金の比は，

		差
前	3：4＝3×5：4×5＝15：20	5
後	11：16	5

使った 800 円が 15−11＝4 にあたるから，

A 君の最初の所持金は 800÷4×15＝3000(円)

●47日目

解答

❶ 79　❷ $1\dfrac{11}{17}$　❸ 95238

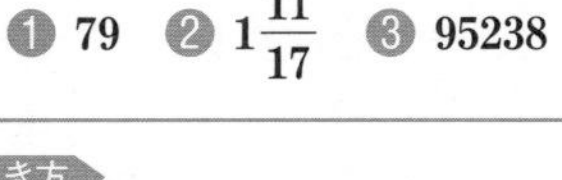
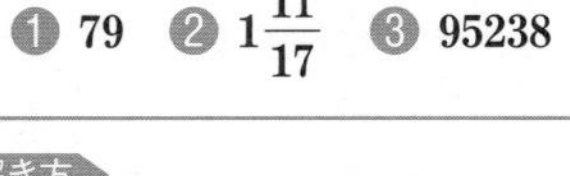
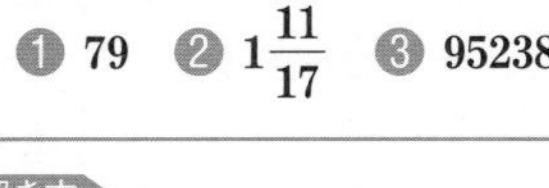
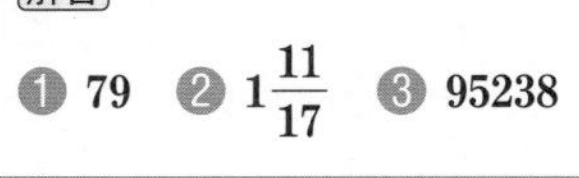
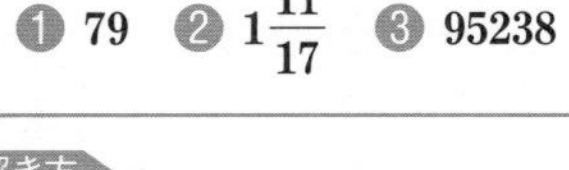
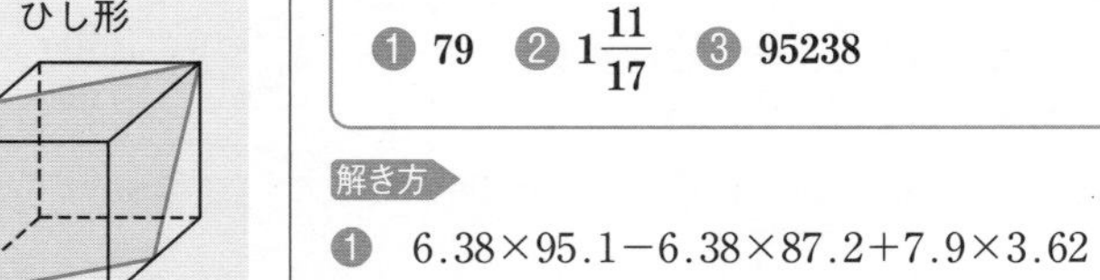
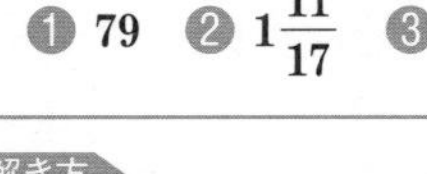
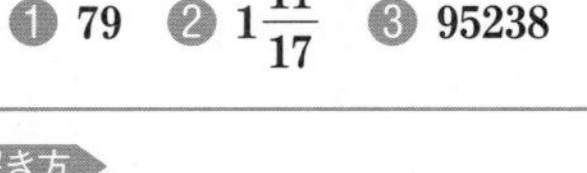

解き方

❶ $6.38\times95.1-6.38\times87.2+7.9\times3.62$

$=6.38\times(95.1-87.2)+7.9\times3.62$

$=6.38\times7.9+7.9\times3.62$

$=7.9\times(6.38+3.62)$

$=7.9\times10$

$=79$

❷ $1+\cfrac{1}{1+\cfrac{1}{1+\cfrac{1}{1+\cfrac{1}{5}}}}$

$=1+\cfrac{1}{1+\cfrac{1}{1+\cfrac{1}{\cfrac{6}{5}}}}$

$=1+\cfrac{1}{1+\cfrac{1}{1+\cfrac{5}{6}}}$

$=1+\cfrac{1}{1+\cfrac{1}{\cfrac{11}{6}}}$

$=1+\cfrac{1}{1+\cfrac{6}{11}}$

$=1+\cfrac{1}{\cfrac{17}{11}}$

$=1+\dfrac{11}{17}$

$=1\dfrac{11}{17}$

❸ ABCDE にあてはまるもっとも大きな5けたの数は 98654 で，これを7倍すると 700000 より小さいから，ABCDE を7倍してできる FFFFFF は，111111，222222，333333，444444，555555，666666 の6通りが考えられる。
FFFFFF は7の倍数だから，6通りの数をそれぞれ7でわって，条件にあてはまる5けたの数 ABCDE をさがすと，
111111÷7=15873，222222÷7=31746，
333333÷7=47619，555555÷7=79365 は7をふくむから，あてはまらない。
444444÷7=63492 は7をふくまないが，CとFがともに4になるから，あてはまらない。
よって，条件にあてはまるのは，
666666÷7=95238 より，ABCDE は 95238

●48日目

解答
❶ 32　❷ 384　❸ 74

解き方

❶ 1÷2×4÷8×16÷32×64÷128×256÷512×1024
=1×4×16×64×256×1024÷2÷8÷32÷128÷512

$=1\times\dfrac{4\times16\times64\times256\times1024}{2\times8\times32\times128\times512}$

=1×2×2×2×2×2
=32

❷ 展開図(てんかいず)に折り目をかくと右の図のようになり，同じ印がついた辺の長さは等しい。
●=8 cm で，
○+●+○=16 cm
だから，
○=(16−8)÷2=4(cm)
また，▲=20−4×2=12(cm)
よって，体積は 8×4×12=384(cm³)

❸ 合格者が30人だから，不合格者は120人
受験生全体の平均点は46点だから，
受験生全体の合計点は 46×150=6900(点)
面積図に表すと，下のようになる。

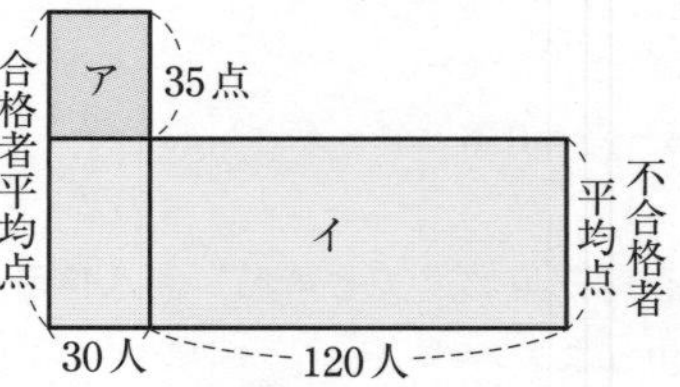

ア+イ は受験生全体の合計点だから，6900点
ア=35×30=1050(点) だから，
イ=6900−1050=5850(点) になり，
不合格者の平均点は，5850÷150=39(点)
よって，合格者の平均点は 39+35=74(点)

●49日目

解答
❶ $23\dfrac{217}{300}$　❷ 8　❸ ① 620　② 170

解き方

❶ $3\dfrac{9}{10}-2\div\dfrac{300}{541}+2\dfrac{13}{100}\times11$

$=\dfrac{39}{10}-2\times\dfrac{541}{300}+\dfrac{213}{100}\times11$

$=\dfrac{1170}{300}-\dfrac{1082}{300}+\dfrac{7029}{300}$

$=\dfrac{7117}{300}$

$=23\dfrac{217}{300}$

❷ (□+3)×5−32
=□+3×5
(□+3)×5
=□+15+32
□×5+15=□+47
右の図より，
□×4=32
□=8

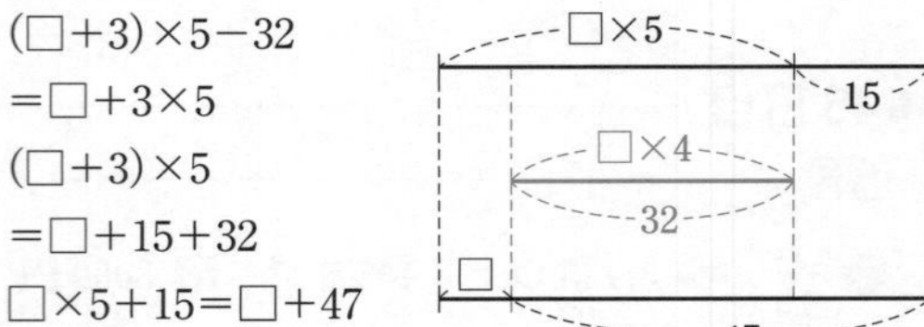

❸ 10％の食塩水 800 g には，800×0.1=80(g) の食塩が入っている。
食塩 10 g を入れる前は，800−10=790(g) の食塩水に 80−10=70(g) の食塩が入っている。

8 %の食塩水を○g，12 %の食塩水を□gとして，ふくまれる食塩の量で面積図をつくると，下のようになる。

ア＋イ は 790 g の食塩水に入っている食塩だから，70 g

イ＝790×0.08＝63.2(g)

ア＝70−63.2＝6.8(g) だから，

□＝6.8÷0.04＝170(g)

よって，○＝790−170＝620(g)

別解　$8(\%)=\frac{8}{100}=\frac{63.2}{790}$，$12(\%)=\frac{12}{100}=\frac{94.8}{790}$

てんびん図を用いると，下のようになる。

上の図より，8 %の食塩水は 620 g，12 %の食塩水は 170 g

●50日目

解答

❶ $5\frac{5}{16}$　❷ $\frac{3}{13}$　❸ 51.25 cm²

解き方

❶ $\left\{3\frac{2}{3}-(6.805-4.555)\right\}\times3.75$

$=\left(\frac{11}{3}-2.25\right)\times3.75$

$=\left(\frac{11}{3}-\frac{9}{4}\right)\times\frac{15}{4}$

$=\left(\frac{44}{12}-\frac{27}{12}\right)\times\frac{15}{4}$

$=\frac{17}{12}\times\frac{15}{4}$

$=\frac{85}{16}$

$=5\frac{5}{16}$

❷ $\frac{1}{5}+\frac{1}{45}+\frac{1}{117}$

$=\frac{1}{1\times5}+\frac{1}{5\times9}+\frac{1}{9\times13}$

$=\frac{1}{4}\times\left(\frac{1}{1}-\frac{1}{5}\right)+\frac{1}{4}\times\left(\frac{1}{5}-\frac{1}{9}\right)+\frac{1}{4}\times\left(\frac{1}{9}-\frac{1}{13}\right)$

$=\frac{1}{4}\times\left\{\left(\frac{1}{1}-\frac{1}{5}\right)+\left(\frac{1}{5}-\frac{1}{9}\right)+\left(\frac{1}{9}-\frac{1}{13}\right)\right\}$

$=\frac{1}{4}\times\left(\frac{1}{1}-\frac{1}{13}\right)$

$=\frac{1}{4}\times\frac{12}{13}$

$=\frac{3}{13}$

おぼえておこう

分母の数の差が 4 のとき，

$\frac{1}{5\times9}=\frac{1}{4}\times\frac{9-5}{5\times9}$

$=\frac{1}{4}\times\left(\frac{9}{5\times9}-\frac{5}{5\times9}\right)$

$=\frac{1}{4}\times\left(\frac{1}{5}-\frac{1}{9}\right)$

❸ 下の図のように長方形の対角線をひくと，斜線部分の面積は，おうぎ形㋐，㋑，㋒と三角形㋓，㋔に分けられる。

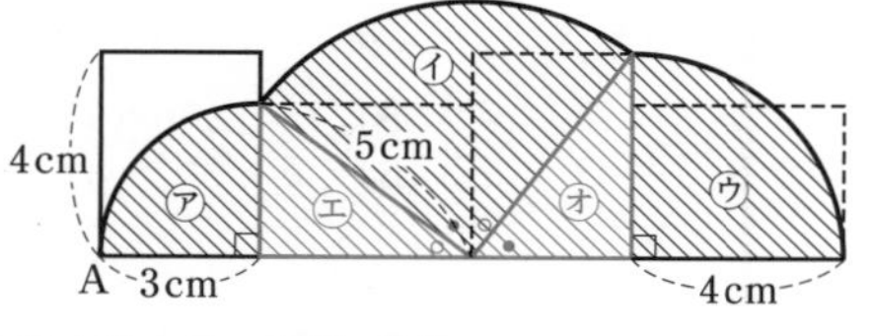

○＋●＋○＋●＝180° より，

○＋●＝180°÷2＝90° だから，

おうぎ形㋑の中心角は 90°

三角形㋓と㋔は合同で，2 つ合わせると，$3\times4=12(cm^2)$ の長方形 1 つ分になる。

よって，斜線部分の面積は，

(3×3×3.14)÷4＋(5×5×3.14)÷4
　＋(4×4×3.14)÷4＋12

＝(3×3×3.14＋5×5×3.14＋4×4×3.14)÷4＋12

＝(9＋25＋16)×3.14÷4＋12

＝50×3.14÷4＋12

＝39.25＋12

＝$51.25(cm^2)$

●51日目

解答

❶ $4\frac{1}{6}$　❷ 2500　❸ 4個

解き方

❶ $7-\left(\square\times\frac{6}{5}+4\right)\div\frac{3}{2}=1$

$\left(\square\times\frac{6}{5}+4\right)\div\frac{3}{2}=6$

$\square\times\frac{6}{5}+4=6\times\frac{3}{2}$

$\square\times\frac{6}{5}=9-4$

$\square=5\div\frac{6}{5}$

$\square=\frac{25}{6}$

$\square=4\frac{1}{6}$

❷ 99÷2=49 余り 1 より，1 から 99 までに偶数(ぐうすう)は 49 個あるから，奇数(きすう)は 99−49=50(個) ある。
等差数列(とうさすうれつ)の和の公式より，
(1+99)×50÷2=2500

❸ 分子が 1 の分数が 1 個，2 の分数が 2 個，3 の分数が 3 個，……と並(なら)んでいるから，下のように区切りを入れて考えると，○組目には，○個の分数があることがわかる。

1組 | 2組 | 3組 | 4組
$\frac{1}{1}$ | $\frac{2}{1}$，$\frac{2}{3}$ | $\frac{3}{1}$，$\frac{3}{3}$，$\frac{3}{5}$ | $\frac{4}{1}$，$\frac{4}{3}$，$\frac{4}{5}$，$\frac{4}{7}$

5組
| $\frac{5}{1}$，$\frac{5}{3}$，……

7 組目の最後の数は 1+2+3+……+7=28 より，最初から数えて 28 番目だから，30 番目の数は 8 組目にある。
約分すると 1 になる数は奇数の組にそれぞれ 1 個ずつあるから，1 組，3 組，5 組，7 組に 1 個ずつ，つまり 4 個ある。

おぼえておこう

1，1+2，1+2+3，1+2+3+4，…… のように，1 から○までの数をたし合わせた数を三角数という。
三角数は，
1，3，6，10，15，21，28，36，45，55，……
○番目の三角数は等差数列の和の公式を用いて，(1+○)×○÷2 で求めることができる。
また，1×1，2×2，3×3，4×4，…… のように，同じ数を 2 回かけた数を四角数という。
四角数は，
1，4，9，16，25，36，49，64，81，100，……
三角数や四角数は規則性の問題で着目することが多い。

●52日目

解答

❶ $1\frac{1}{2}$　❷ 9：4　❸ $\frac{23}{36}$，$\frac{25}{36}$

解き方

❶ 5÷(□×1.75−0.625)=2.5

$5\div\left(\square\times\frac{7}{4}-\frac{5}{8}\right)=2.5$

$\square\times\frac{7}{4}-\frac{5}{8}=5\div2.5$

$\square\times\frac{7}{4}=2+\frac{5}{8}$

$\square\times\frac{7}{4}=\frac{21}{8}$

$\square=\frac{21}{8}\div\frac{7}{4}$

$\square=\frac{3}{2}$

$\square=1\frac{1}{2}$

❷ 図 1 のように，CD で三角形 ABC を分ける。

（図1）
A, D, G, B, E, F, C

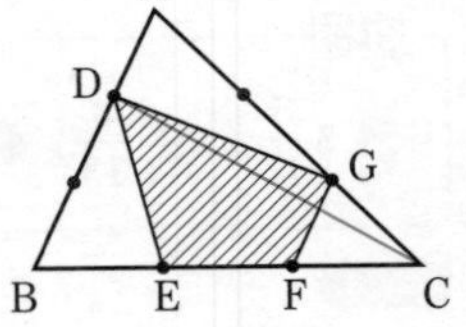

三角形 BCD と三角形 ABC は高さが等しいから，DB：AB=2：3 より，三角形 BCD は三角形 ABC の $\frac{2}{3}$
さらに，BE：BC=1：3 より，三角形 BED は三角形 BCD の $\frac{1}{3}$
よって，三角形 ABC の面積を[1]とすると，三角形 BED の面積は $[1]\times\frac{2}{3}\times\frac{1}{3}=\boxed{\frac{2}{9}}$
同じように，三角形 AGD の面積は，
$[1]\times\frac{1}{3}\times\frac{2}{3}=\boxed{\frac{2}{9}}$

次に，図2のようにBGで三角形ABCを分けて，三角形CFGの面積を求めると，

(図2)

$\boxed{1}\times\frac{1}{3}\times\frac{1}{3}=\boxed{\frac{1}{9}}$

よって，斜線(しゃせん)部分の面積は，

$\boxed{1}-\left(\boxed{\frac{2}{9}}+\boxed{\frac{2}{9}}+\boxed{\frac{1}{9}}\right)=\boxed{\frac{4}{9}}$ だから，

三角形ABCと斜線部分の面積の比は，

$\boxed{1}:\boxed{\frac{4}{9}}=9:4$

おぼえておこう

右の図で，三角形ADEの面積は三角形ABCの面積の

$\frac{AD}{AB}\times\frac{AE}{AC}$ (倍)となる。

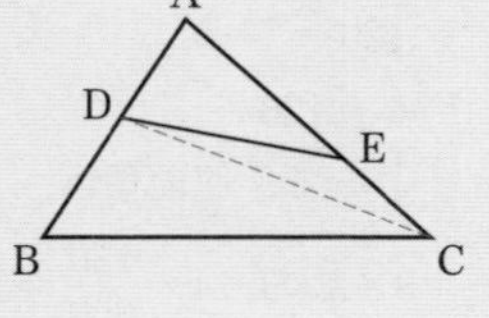
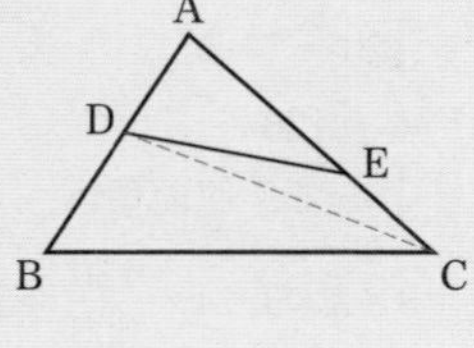

❸ 0.6，0.8をそれぞれ分母が36の分数にすると，

$0.6=\frac{0.6\times36}{36}=\frac{21.6}{36}$，$0.8=\frac{0.8\times36}{36}=\frac{28.8}{36}$

だから，$\frac{22}{36}$ から $\frac{28}{36}$ までの分数のうち，既約(きやく)分数であるものをかき出せばよい。

よって，$\frac{23}{36}$，$\frac{25}{36}$

●53日目

解答

❶ **15.7** ❷ **21本取ることができて，$\frac{4}{15}$ m 余る。** ❸ **ア…3，イ…21，ウ…39**

解き方

❶ $\frac{1}{13}\times9\times9\times3.14-\frac{1}{13}\times4\times4\times3.14$

$=\frac{1}{13}\times(9\times9-4\times4)\times3.14$

$=\frac{1}{13}\times(81-16)\times3.14$

$=\frac{1}{13}\times65\times3.14$

$=5\times3.14$

$=15.7$

❷ $8\frac{2}{3}$ と $\frac{2}{5}$ を通分すると，$8\frac{2}{3}=\frac{26}{3}=\frac{130}{15}$，

$\frac{2}{5}=\frac{6}{15}$ だから，分子だけで計算すると，

130÷6=21 余り4

よって，リボンは21本取ることができる。

また，余りの4は $\frac{4}{15}$ のことだから，余りの長さは $\frac{4}{15}$ m

❸ ［ア］と［イ］の積は63，［ア］と［ウ］の積は117だから，

［イ］：［ウ］=63：117=7：13

ここで，819を素数(そすう)だけの積の形に表すと，

819=3×3×7×13 だから，

［イ］×［ウ］=819，［イ］：［ウ］=7：13 となるのは，

［イ］=3×7=21，［ウ］=3×13=39

このとき，［ア］=63÷21=3

●54日目

解答

❶ $\frac{7}{15}$ ❷ **ア…2，イ…3，ウ…9** ❸ **40**

解き方

❶ $\left(2\frac{5}{12}-1\frac{17}{40}\right)\div2\frac{1}{8}$

$=\left(\frac{29}{12}-\frac{57}{40}\right)\div\frac{17}{8}$

$=\left(\frac{290}{120}-\frac{171}{120}\right)\times\frac{8}{17}$

$=\frac{119}{120}\times\frac{8}{17}$

$=\frac{7}{15}$

❷ $\frac{17}{18}$ から，分子が1の分数(単位(たんい)分数という)を順にひいていく。

$\frac{17}{18}$ に近い単位分数は $\frac{1}{2}$ だから，$\frac{17}{18}-\frac{1}{2}=\frac{8}{18}$

次に，$\frac{8}{18}$ に近い単位分数は $\frac{1}{3}$ だから，

$\frac{8}{18}-\frac{1}{3}=\frac{2}{18}=\frac{1}{9}$

よって，ア…2，イ…3，ウ…9

❸ A地点からB地点までの道のりを1とする。

往復の道のりは 1×2=2 で，平均の速さが時速48 kmだから，

全部で $2\div48=\frac{1}{24}$ (時間) かかる。

行きは時速60 kmだから，行きにかかる時間は，

$1 \div 60 = \frac{1}{60}$(時間)

よって，帰りにかかる時間は $\frac{1}{24} - \frac{1}{60} = \frac{1}{40}$(時間)

だから，帰りの時速は $1 \div \frac{1}{40} = 40$(km)

●55日目

解答

❶ **7**　❷ **37250**　❸ **37.5**

解き方

❶ $\frac{5}{21} + \frac{39-\square\times5}{7} = \frac{17}{21}$

$\frac{39-\square\times5}{7} = \frac{17}{21} - \frac{5}{21}$

$\frac{39-\square\times5}{7} = \frac{4}{7}$

$39-\square\times5=4$

$\square\times5=35$

$\square=7$

❷ 3707 から 3743 までの数の個数を求めると，

3707　3711　3715　3719　……　3743（間隔 4，全体 36）

$3743-3707=36$

$36\div4=9$ より，$9+1=10$(個) ある。

等差数列(とうさすうれつ)の和の公式を使って，

$(3707+3743)\times10\div2=37250$

❸ (図1)　(図2)

(図2) D 10cm B，5cm A 5cm，10cm，25cm²，12.5cm²，25cm²，D 5cm C 5cm D

図1の三角すい BACD を，図2のような展開図(てんかいず)に表して考える。

図2より，三角形 ABC の面積は，

$100-(25\times2+12.5)=37.5$(cm²)

●56日目

解答

❶ **86**　❷ **12.56**　❸ **6561**

解き方

❶ $(65\times54-54\times43+43\times32-32\times21)\div22$

$=\{54\times(65-43)+32\times(43-21)\}\div22$

$=(54\times22+32\times22)\div22$

$=(54+32)\times22\div22$

$=54+32$

$=86$

❷ 底面の半径が 1 cm だから，底面のまわりの長さは，$1\times2\times3.14=2\times3.14$(cm)

ここで，側面のおうぎ形の中心角を△°とすると，側面の弧(こ)の長さも 2×3.14(cm) だから，

$3\times2\times3.14\times\frac{\triangle}{360}=2\times3.14$

$3\times\frac{\triangle}{360}=1$

$\frac{\triangle}{120}=1$

$\triangle=120$

よって，側面積は，

$3\times3\times3.14\times\frac{120}{360}=3\times3.14$(cm²)

底面積は $1\times1\times3.14=1\times3.14$(cm²) だから，

表面積は，$3\times3.14+1\times3.14$

$=(3+1)\times3.14$

$=4\times3.14$

$=12.56$(cm²)

おぼえておこう　円すいの側面積を求める公式

母線　半径　母線　中心角　半径

円すいの側面の展開図は，半径が母線である円の一部である。

側面をふくむ円周全体の長さは，母線×2×3.14

側面の弧の長さは，底面の円周と等しく，

半径×2×3.14

側面をふくむ円全体に対する側面の割合(わりあい)は，側面をふくむ円周に対する側面の弧の長さの割合と同じだから，側面積は，

$母線\times母線\times3.14\times\frac{半径\times2\times3.14}{母線\times2\times3.14}$

$=母線\times半径\times3.14$

この公式を使えば，中心角を求めなくても，円すいの側面積を求めることができる。

❸ 2つの数のうち，たされる数は○番目の三角数，たす数は (○+1) 番目の三角数となっている。
よって，80 番目の式は 80 番目の三角数と 81 番目の三角数の和の式になる。
80 番目の三角数は，(1+80)×80÷2=3240
81 番目の三角数は，(1+81)×81÷2=3321
したがって，3240+3321=6561
別解　2つの数の和は，左から順に，4，9，16，25，36，49，64，…… のように，四角数が並(なら)んでいる。
よって，○番目の式を計算した答えは，
(○+1)×(○+1) となっていることがわかるから，
80 番目の式を計算すると，
(80+1)×(80+1)
=81×81
=6561

●57 日目

解答

❶ 9　❷ $\frac{1}{2}$　❸ 2000 m

解き方

❶ $77 \div \left(1.2 \times \square - \frac{15}{2}\right) = \frac{70}{3}$

$1.2 \times \square - \frac{15}{2} = 77 \div \frac{70}{3}$

$1.2 \times \square = 77 \times \frac{3}{70} + \frac{15}{2}$

$1.2 \times \square = 11 \times \frac{3}{10} + \frac{15}{2}$

$1.2 \times \square = 3.3 + 7.5$

$1.2 \times \square = 10.8$

$\square = 9$

❷ $5 - \left\{\frac{11}{12} - \left(\square + \frac{1}{3}\right) \div 1.25\right\} = 4.75$

$\frac{11}{12} - \left(\square + \frac{1}{3}\right) \div \frac{5}{4} = \frac{1}{4}$

$\left(\square + \frac{1}{3}\right) \div \frac{5}{4} = \frac{11}{12} - \frac{1}{4}$

$\left(\square + \frac{1}{3}\right) \div \frac{5}{4} = \frac{2}{3}$

$\square + \frac{1}{3} = \frac{2}{3} \times \frac{5}{4}$

$\square + \frac{1}{3} = \frac{5}{6}$

$\square = \frac{5}{6} - \frac{1}{3}$

$\square = \frac{1}{2}$

❸ 分速 200 m で走った時間を○分，分速 50 m で歩いた時間を□分として，面積図をかくと，下のようになる。

ア
150 m
200 m
イ
○
□
50 m
70分

ア＋イ は，家から目的地までの距離(きょり)だから，
8000 m
イ=50×70=3500(m)，
ア=8000−3500=4500(m) だから，
○=4500÷150=30(分)
□=70−30=40(分) より，駐輪場(ちゅうりんじょう)から目的地までの道のりは，50×40=2000(m)

●58 日目

解答

❶ $\frac{3}{4}$　❷ 8　❸ 10 枚

解き方

❶ $\frac{1}{26} \div \left(\frac{15}{13} - \square \times \frac{8}{9}\right) = \frac{3}{38}$

$\frac{15}{13} - \square \times \frac{8}{9} = \frac{1}{26} \div \frac{3}{38}$

$\square \times \frac{8}{9} = \frac{15}{13} - \frac{19}{39}$

$\square \times \frac{8}{9} = \frac{2}{3}$

$\square = \frac{2}{3} \div \frac{8}{9}$

$\square = \frac{3}{4}$

❷ ある数を 10 でわったときの余りは，ある数の一の位の数と同じだから，17×72×34×333 の一の位を求める。
一の位を求めるには一の位だけをかけていけばよいから，7×2×4×3=14×12 → 4×2=8
よって，余りは 8

おぼえておこう

かけ算の計算結果の一の位を求めるときは，一の位だけを計算すればよい。

❸ 50円切手と80円切手の枚数を逆に買ったところ，代金は120円高くなったことから，80円切手より50円切手を多く買う予定だったことがわかる。
仮に，50円切手を2枚，80円切手を1枚買う予定だったとすると，合計代金は
50×2＋80×1＝180(円)
枚数を逆にすると，50×1＋80×2＝210(円) となり，30円高くなる。つまり，50円切手と80円切手の差が1枚のとき，逆にすると 80－50＝30(円) 高くなることから，50円切手を 120÷30＝4(枚) 多く買う予定だったことがわかる。
ここで，50円切手と80円切手の枚数の差が4枚になるように表をつくる。

50円切手(枚)	4	5	6	7	8	9	10
80円切手(枚)	0	1	2	3	4	5	6
合計代金(円)	200	330	460	590	720	850	980

1000円でおつりがきて，120円高くなると1000円をこえるのは，880円より高く1000円未満のときだから，上の表より，春子さんは50円切手を10枚買うつもりだったことがわかる。

●59日目

解答

❶ 7　❷ 50個　❸ 192.5

解き方

❶ $\left(4-\frac{1}{3}\times\square\right)\div\frac{5}{8}-\left(\frac{1}{6}+2\right)=0.5$

$\left(4-\frac{1}{3}\times\square\right)\div\frac{5}{8}-\frac{13}{6}=\frac{1}{2}$

$\left(4-\frac{1}{3}\times\square\right)\div\frac{5}{8}=\frac{1}{2}+\frac{13}{6}$

$\left(4-\frac{1}{3}\times\square\right)\div\frac{5}{8}=\frac{8}{3}$

$4-\frac{1}{3}\times\square=\frac{8}{3}\times\frac{5}{8}$

$4-\frac{1}{3}\times\square=\frac{5}{3}$

$\frac{1}{3}\times\square=4-\frac{5}{3}$

$\frac{1}{3}\times\square=\frac{7}{3}$

□＝7

❷ 1から200までで3でわり切れる整数は，
200÷3＝66 余り2より，66個ある。
このうち，4でもわり切れる，つまり3でも4でもわり切れる整数は，3と4の最小公倍数12でわり切れる整数であり，200÷12＝16 余り8 より，16個ある。
よって，3でわり切れるが，4ではわり切れない整数は，66－16＝50(個)

❸ 右の図のように，水が入っている部分の形を逆さまにしてくっつけると，高さ11cmの四角柱になることがわかる。

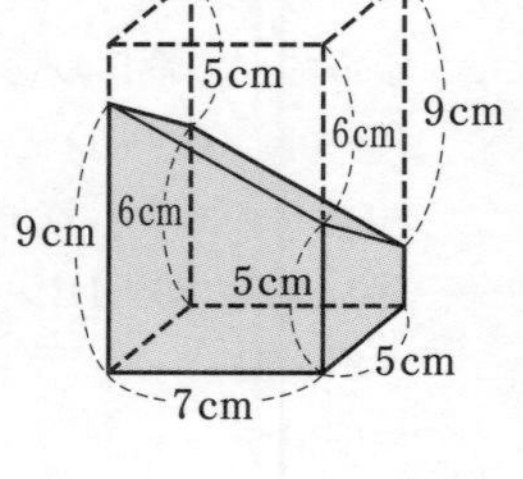

四角柱の体積は，
5×7×11＝385(cm^3)
水の体積はこの半分だから，385÷2＝192.5(cm^3)

●60日目

解答

❶ $\frac{1}{2}$　❷ 36°　❸ 3.5

解き方

❶ $\left(0.375\times\frac{1}{3}+0.5\times\frac{1}{4}\right)\div2.4\div\square=\frac{5}{24}$

$\left(\frac{3}{8}\times\frac{1}{3}+\frac{1}{2}\times\frac{1}{4}\right)\div\frac{12}{5}\div\square=\frac{5}{24}$

$\left(\frac{1}{8}+\frac{1}{8}\right)\times\frac{5}{12}\div\square=\frac{5}{24}$

$\frac{1}{4}\times\frac{5}{12}\div\square=\frac{5}{24}$

$\frac{5}{48}\div\square=\frac{5}{24}$

$\square=\frac{5}{48}\div\frac{5}{24}$

$\square=\frac{1}{2}$

❷ アの角の大きさを●とする。
このとき，三角形ABDは二等辺三角形だから，角ABD＝●
さらに角BDCは三角形ABDの外角だから，
角BDC＝角ABD＋角BAD＝●×2
三角形BCDも二等辺三角形だから，

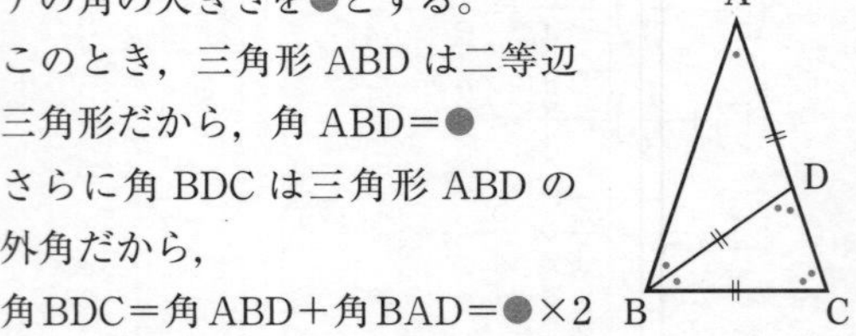

角 BCD＝角 BDC＝●×2
また，三角形 ABC も二等辺三角形だから，
角 ABC＝角 ACB＝●×2
よって，三角形 ABC の内角は 180° だから，
●×5＝180° より，●＝180°÷5＝36°

❸

上の図のように，補助線(ほじょせん)をひいて考える。
このとき，角 AED＝30°，角 ADE＝120° となるから，角 DAE＝180°－(30°＋120°)＝30°
よって，三角形 ADE は二等辺三角形だから，
DA＝DE＝1 cm
三角形 ABC は，30°，60°，90° の直角三角形であり，BC の長さは AB の長さの半分だから，
x＝(1＋6)÷2＝3.5(cm)

別解　右の図のように補助線をひいてもよい。

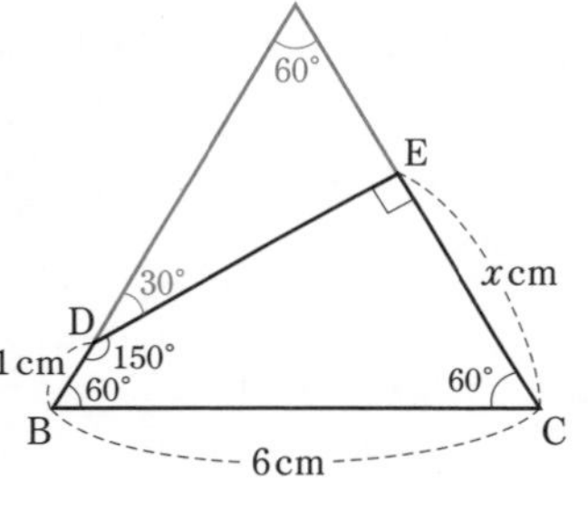

角 ABC＝角 ACB＝60° だから，
角 BAC も 60° となり，三角形 ABC は正三角形になる。
よって，AD＝6－1＝5(cm)
三角形 DAE は 30°，60°，90° の直角三角形であり，AE の長さは AD の長さの半分だから，
5÷2＝2.5(cm)
したがって，x＝6－2.5＝3.5(cm)

おぼえておこう

右の図のように，30°，60°，90° の直角三角形を 2 枚並(なら)べると正三角形になる。
よって，30°，60°，90° の直角三角形で，
(もっとも長い辺の長さ)：(もっとも短い辺の長さ)＝2：1

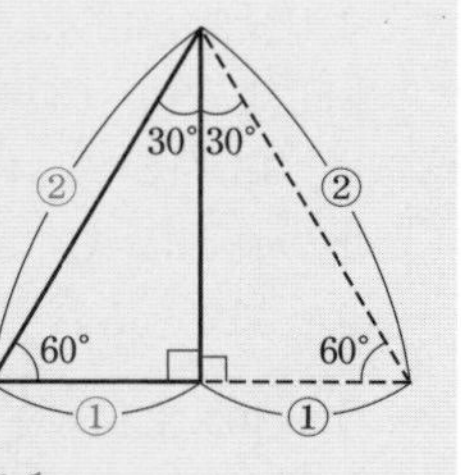

パート 3

解答

1 **10.5**　2 **8000**　3 **62 枚**
4 **63.6792**　5 **119**
6 **体積 16579.2 cm^3，表面積 4710 cm^2**
7 **504**　8 **11**　9 **1620°**　10 **52**
11 **33，105，165，231，1155**　12 **$\frac{3}{7}$ 倍**
13 **60**　14 **33**　15 **19.05 cm^2**

解き方

1　1 周の距離(きょり)を 1，A，B の 2 人の分速をそれぞれ a，b とする。
2 人は 6 分後に出会うから，$a+b=1\div6=\frac{1}{6}$
また，A がちょうど 4 周し終わったときにはじめて B を追いこすということは，A がちょうど 4 周し終わったときに B よりちょうど 1 周多く歩いていたということだから，B はちょうど 3 周歩いている。
つまり $a:b=4:3$ だから，$a=\frac{1}{6}\times\frac{4}{4+3}=\frac{2}{21}$
よって，A が 1 周するのにかかる時間は，
$1\div\frac{2}{21}=10.5$(分)

おぼえておこう

右の図のように，同時に同じ地点から同じ向きに出発して，速い人が遅(おそ)い人にはじめて追いつく(追いこす)とき，速い人は遅い人より 1 周多く回っている。また，2 回目に追いつく(追いこす)とき，速い人は遅い人より 2 周多く回っている。

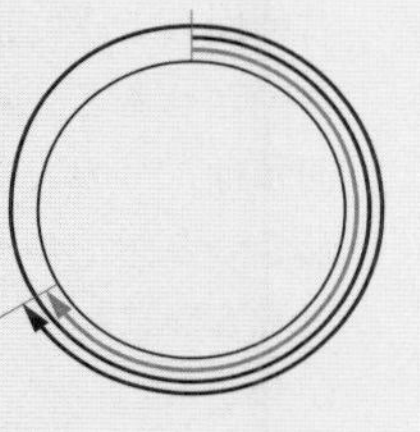

2　まず，一の位から 0 が連続していくつ並(なら)ぶか(10 で何回わり切れるか)を考える。
1×2×3×……×15 を素数(そすう)だけの積に表すと，
1×2×3×(2×2)×5×(2×3)×7×(2×2×2)
×(3×3)×(2×5)×11×(2×2×3)×13×(2×7)
×(3×5) となる。
よって，5 が 3 個ふくまれていて，2×5 を 3 組つくることができるから，10×10×10＝1000
つまり，下 3 けたは 000 になる。
次に，2 と 5 を 3 個ずつ除(のぞ)いて整理すると，

$2\times2\times2\times2\times2\times2\times2\times2\times3\times3\times3\times3\times3\times3\times7$
$\times7\times11\times13$ となり，この積の下１けたを求める。
一の位の数だけに注目して，
$2\times2\times2\times2\times2\times2\times2\times2=256\rightarrow6$
$3\times3\times3\times3\times3\times3=9\times9\times9=81\times9\rightarrow1\times9=9$
$7\times7\times11\times13=49\times11\times13\rightarrow9\times1\times3=27\rightarrow7$
よって，$6\times9\times7=54\times7\rightarrow4\times7=28\rightarrow8$ となる。
したがって，下４けたは 8000

3 姉がはじめに持っているカードの枚数を⑤とする。
姉が持っているカードの $\frac{1}{5}$ を妹にあげたから，
その後の姉の枚数は ⑤×$\left(1-\frac{1}{5}\right)$=④(枚)，妹の枚数は ①+11(枚)
さらに，お母さんから６枚ずつもらうから，
現在の姉の枚数は ④+6(枚)，妹の枚数は ①+17(枚) となる。
このとき，姉の枚数は妹の枚数の２倍だから，
右の図より，①にあたる枚数は，
$(17\times2-6)\div(4-1\times2)=14$(枚)
よって，現在の姉の枚数は，
④+6=14×4+6=62(枚)

4 右の図のように正三角形を移動させると，斜線(しゃせん)部分の面積は，㋐の大きなおうぎ形３つと，㋑の小さなおうぎ形６つになっていることがわかる。

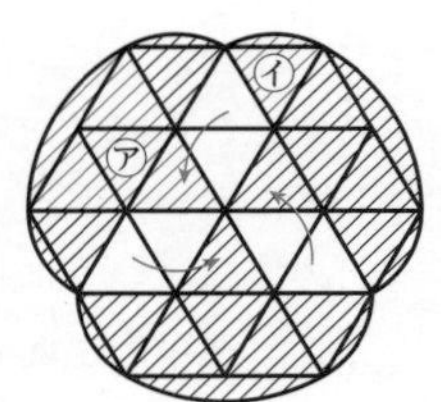

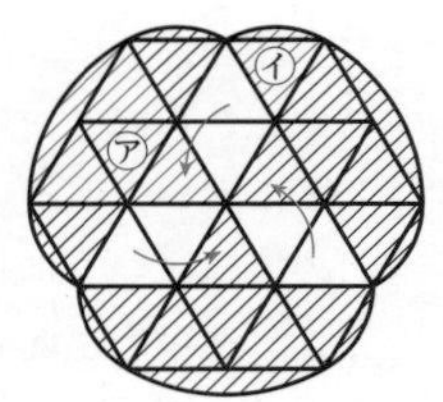

㋐３つ分の面積は，
$(2.6\times2)\times(2.6\times2)\times3.14\times\frac{1}{6}\times3$
$=2.6\times2.6\times3.14\times2$
㋑６つ分の面積は，
$2.6\times2.6\times3.14\times\frac{1}{6}\times6$
$=2.6\times2.6\times3.14$
よって，斜線部分の面積は，
$2.6\times2.6\times3.14\times(2+1)$
$=2.6\times2.6\times3.14\times3$
$=20.28\times3.14$
$=63.6792(\text{cm}^2)$

5

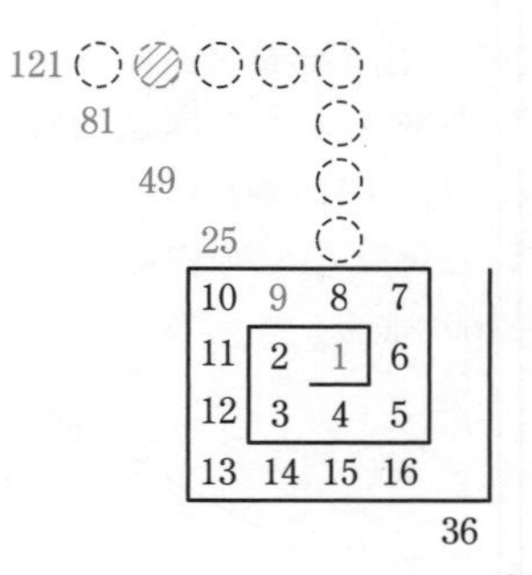

上の図のように，１から左ななめ上の数は $3\times3=9$，$5\times5=25$，$7\times7=49$，…… のように，奇数(きすう)の四角数になっていることがわかる。
よって，１から上に５，左に５移動した数は，
$11\times11=121$ だから，求める数は，$121-2=119$

6 回転させてできる立体は図１のようになる。
(図1)
体積は，円柱から円すいを２つ分ひけばよいから，
$12\times12\times3.14\times(16+20+9)-12\times12\times3.14\times16\div3-12\times12\times3.14\times9\div3$
$=12\times12\times3.14\times\left(45-\frac{16}{3}-3\right)$
$=12\times12\times3.14\times\frac{110}{3}$
$=5280\times3.14$
$=16579.2(\text{cm}^3)$
また，この立体の展開図は図２のようになる。

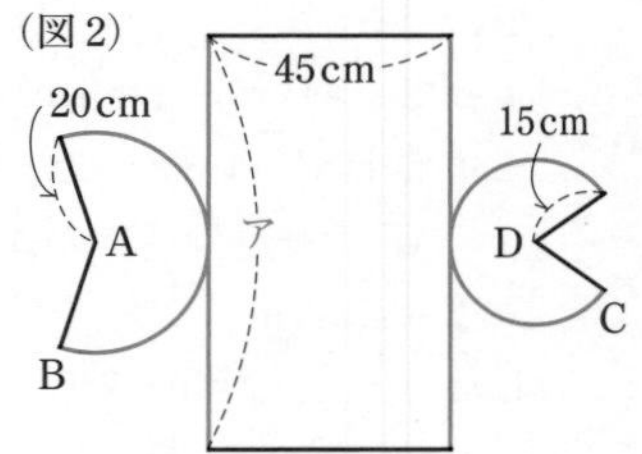

ABによってできるおうぎ形の面積は，
母線×半径×3.14
より，$20\times12\times3.14=240\times3.14(\text{cm}^2)$
同じように，CDによってできるおうぎ形の面積は，$15\times12\times3.14=180\times3.14(\text{cm}^2)$
アの長さはABによってできるおうぎ形(CDによってできるおうぎ形)の弧(こ)の長さに等しいから，
$ア=40\times3.14\times\frac{12}{20}\left(=30\times3.14\times\frac{12}{15}\right)=24\times3.14$
より，側面の長方形の面積は，
$24\times3.14\times45=1080\times3.14(\text{cm}^2)$
よって，表面積は，
$240\times3.14+180\times3.14+1080\times3.14$

$=1500\times3.14$
$=4710(\text{cm}^2)$

7 1が1個，2が4個，3が9個，……と，それぞれの数の個数が四角数となっている。
1+4+9+16+25+36=91(個) より，100番目までに1が1個，2が4個，3が9個，4が16個，5が25個，6が36個，7が 100−91=9(個) 並んでいる。
よって，100番目までの数の和は，
$1\times1+2\times4+3\times9+4\times16+5\times25+6\times36+7\times9$
$=504$

別解　例えば，2の組の和は $2+2+2+2=2\times4$ $=2\times2\times2$ のように，○の組の和は ○×○×○ (立方数という)となっている。
1から○までの立方数の和は○番目の三角数の四角数に等しいから，1から6までの立方数の和は6番目の三角数である21の四角数で，
$21\times21=441$
よって，$441+7\times9=504$

おぼえておこう
$1\times1\times1$，$2\times2\times2$，$3\times3\times3$，…… のように，同じ数を3回かけた数を立方数という。
立方数は，1，8，27，64，125，216，343，……
また，(1から○までの立方数の和)
=(○番目の三角数の四角数)
例えば，
(1から10までの立方数の和)
$=1\times1\times1+2\times2\times2+\cdots\cdots+10\times10\times10$
=(10番目の三角数の四角数)
$=(1+2+\cdots\cdots+10)\times(1+2+\cdots\cdots+10)$
$=55\times55$
$=3025$

8 のりしろは 16−1=15(か所) あるから，テープ16本で 64+1×15=79(cm) あるものとして考える。
赤色のテープの本数を□本，白色のテープの本数を○本として，面積図に表すと，下のようになる。

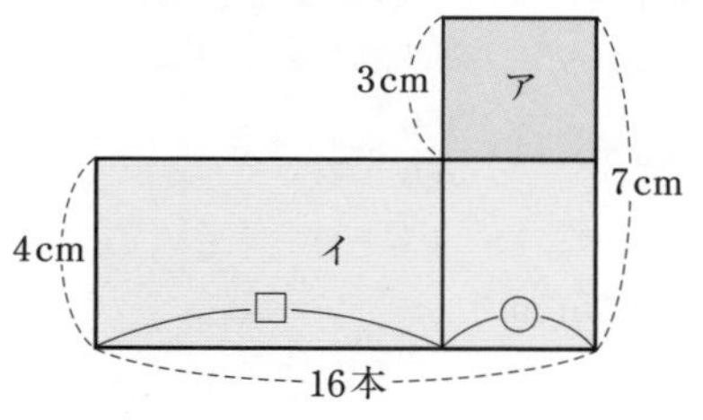

ア＋イ はテープ全部の長さだから，79 cm
イ=4×16=64(cm)，ア=79−64=15(cm) だから，○=15÷3=5(本)
よって，赤色のテープは 16−5=11(本)

9 右の図のように補助線をひいて考える。

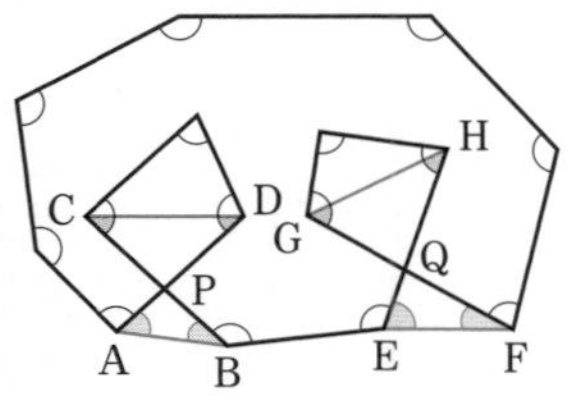

このとき，角 CPD と角 APB は等しい(対頂角という)から，
角 PCD＋角 PDC
＝角 PAB＋角 PBA
同じように，
角 QGH＋角 QHG＝角 QEF＋角 QFE
よって，印のついた15個の角の大きさの和は，
(三角形の内角の和)×2＋(九角形の内角の和) と等しいから，
$180^\circ\times2+180^\circ\times(9-2)$
$=180^\circ\times9$
$=1620^\circ$

おぼえておこう
○角形の内角の和は，180°×(○−2)
例えば，十角形であれば内角の和は，
$180^\circ\times(10-2)=1440^\circ$

10 この2けたの整数は1をひくと17でわり切れるから，(17の倍数)+1で，18，35，52，69，86の5つが考えられる。
これらを2倍して5をひくと，$18\times2-5=31$，$35\times2-5=65$，$52\times2-5=99$，$69\times2-5=133$，$86\times2-5=167$ となり，11でわり切れるのは99だけだから，2けたの整数は52

11 11573をAでわると23余り，6940をAでわると10余るから，Aは 11573−23=11550 と 6940−10=6930 の公約数のうち，3の倍数であり奇数でもある23より大きい数である。
11550と6930を素数だけの積に表すと，
$11550=2\times3\times5\times5\times7\times11$，
$6930=2\times3\times3\times5\times7\times11$ だから，
2つの整数に共通する $2\times3\times5\times7\times11$ が11550と6930の最大公約数である。公約数は最大公約数の約数だから，2，3，5，7，11のどれか1つ，または複数の積のなかで条件にあてはまるものを調べる。
ただし，Aは奇数だから，2をのぞいた3，5，7，11を組み合わせればよく，また3の倍数でもあ

るから，3 をふくまなければならない。
23 より大きいことに注意して，
$3\times11=33$，$3\times5\times7=105$，$3\times5\times11=165$，
$3\times7\times11=231$，$3\times5\times7\times11=1155$ があてはまる。

おぼえておこう

公約数は最大公約数の約数である。
例えば，48 と 72 の公約数をさがすとき，最大公約数が 24 であることを求めてから，24 の約数をかき出せばよい。
24 の約数は 1，2，3，4，6，8，12，24 で，これらが 48 と 72 の公約数である。

12 (三角形 ABD の周の長さ)
$=AB+BD+AD=31+BD+AD$
また，(三角形 BCD の周の長さ)
$=BC+BD+CD=15+BD+CD$
周の長さが等しいから，
$31+BD+AD=15+BD+CD$ となり，BD は共通しているから，$31+AD=15+CD$
よって，CD は AD より $31-15=16$(cm) 長いことがわかる。
$CD+AD=40$，$CD-AD=16$ より，
$CD=(40+16)\div2=28$(cm)，
$AD=40-28=12$(cm)
よって，三角形 ABD と三角形 BCD の面積の比は $AD:CD=12:28=3:7$ だから，三角形 ABD の面積は三角形 BCD の面積の $\frac{3}{7}$ 倍

13 A は，停車しなければ $360\div50=7.2$(時間) = 7 時間 12 分 かかり，一度に 200 km 走るから，
$360\div200=1$ 余り 160 より，地点Qに着くまでに 1 回停車する。
よって，A は地点 P から地点 Q までに，
7 時間 12 分 + 40 分 = 7 時間 52 分 かかる。
B は A より 52 分早く到着(とうちゃく)するから，B は地点 P から地点 Q までに，7 時間 52 分 − 52 分 = 7 時間かかる。B は一度に 100 km 走るから，
$360\div100=3$ 余り 60 より，地点Qに着くまでに 3 回停車する。
よって，B は停車しなければ 7 時間 − 20 分 × 3 = 6 時間かかるから，時速は $360\div6=60$(km)

14 いちばん小さい数が 1 の場合，残り 2 つの数の和は 19 だから，(1，1，18)，(1，2，17)，
(1，3，16)，……，(1，9，10) の 9 通りある。
同じように，いちばん小さい数が 2 の場合，
(2，2，16)，(2，3，15)，(2，4，14)，……，
(2，9，9) の 8 通りある。
いちばん小さい数が 3 の場合，(3，3，14)，
(3，4，13)，(3，5，12)，……，(3，8，9) の 6 通りある。
いちばん小さい数が 4 の場合，(4，4，12)，
(4，5，11)，(4，6，10)，(4，7，9)，(4，8，8) の 5 通りある。
いちばん小さい数が 5 の場合，(5，5，10)，
(5，6，9)，(5，7，8) の 3 通りある。
いちばん小さい数が 6 の場合，(6，6，8)，
(6，7，7) の 2 通りある。
いちばん小さい数が 7 以上のときは，(7，7，6) のようにすでに数えているから，全部で
$9+8+6+5+3+2=33$(通り)

15 図 1 のように，2 つの円の交点を A，C，それぞれの円の中心を B，D として補助線(ほじょせん)をひくと，

(図 1)

角 BAD = 角 BCD = 30°
だから，
角 ABC = 角 ADC
$=\{360°-(30°\times2)\}\div2=150°$
よって，斜線(しゃせん)部分の面積は半径 3 cm で中心角 150° のおうぎ形 2 つから，重なった部分である四角形 ABCD をひいたものである。
四角形 ABCD は，合同な二等辺三角形が 2 つ分だから，三角形 ABD の面積を求める。
ここで，図 2 のように，補助線 BH をひくと，30°，60°，90° の直角三角形 ABH ができる。

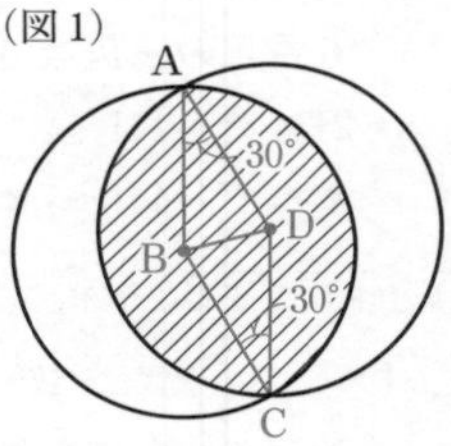

(図 2)

(もっとも長い辺の長さ)
:(もっとも短い辺の長さ)
$=2:1$ だから，$BH=3\div2=1.5$(cm)
よって，三角形 ABD の面積は，
$3\times1.5\div2=2.25$(cm^2) だから，
四角形 ABCD の面積は $2.25\times2=4.5$(cm^2)
したがって，斜線部分の面積は，
$3\times3\times3.14\times\frac{150}{360}\times2-4.5$
$=7.5\times3.14-4.5$
$=19.05$(cm^2)

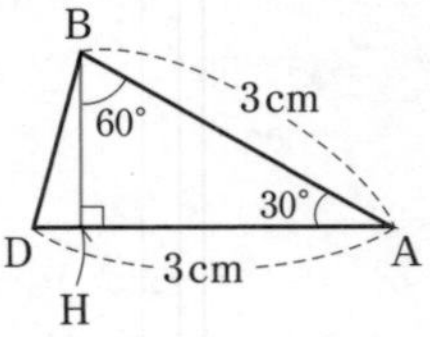